CHIEN AMI DE L'HOMME

Les
Races de Chiens

Leurs Origines, Points,

Descriptions, Types, Qualités

Aptitudes et Défauts

par le Comte Henri de Bylandt

Président d'honneur du " Kontinentaler Bull-Doggen Klub ,,
Vice-Président du " Poodle-Club Anglais ,,
Membre d'honneur du " Kennel Club Hollandais Cynophilia ,,
Membre d'honneur du " Club du Griffon Bruxellois Anglais ,,
Membre d'honneur du " Setter Club Hollandais ,,
Juge du " Schipperke Club Anglais ,,
Juge du " Poodle-Club Anglais ,,
Juge du " Club du Griffon Bruxellois Anglais ,,

Traitant 316 races et sous-variétés,
avec 1,392 gravures
représentant 2,064 chiens

Bruxelles
Imprimerie Vanbuggenhoudt Frères
42, Rue d'Isabelle, 42

1897

Les Races de Chiens.

IMPRIMERIE VANBUGGENHOUDT
42, rue d'Isabelle, Bruxelles

Les

Races de Chiens

Leurs Origines, Points,

Descriptions, Types, Qualités

Aptitudes et Défauts

par le Comte Henri de Bylandt

Président d'honneur du " Kontinentaler Bull-Doggen Klub „
Vice-Président du " Poodle-Club Anglais „
Membre d'honneur du " Kennel Club Hollandais Cynophilia „
Membre d'honneur du " Club du Griffon Bruxellois Anglais „
Membre d'honneur du " Setter Club Hollandais „
Juge du " Schipperke Club Anglais „
Juge du " Poodle-Club Anglais „
Juge du " Club du Griffon Bruxellois Anglais „

Traitant 310 races et sous-variétés,
avec 1,392 gravures
représentant 2,064 chiens

◁◆▷

Bruxelles
Imprimerie Vanbuggenhoudt Frères
42, Rue d'Isabelle, 42

—

1897

PRÉFACE.

En terminant la préface de la première édition hollandaise (*Cyno-philia's Raspuntenboek*), j'exprimais le désir de publier bientôt un second ouvrage traitant de toutes les races canines. Et, cependant, je ne croyais pas alors à la réalisation aussi rapide de ce vœu.

Dans l'édition présente, j'ai comblé une grande lacune existant dans l'ouvrage publié en langue néerlandaise, c'est-à-dire que, à la demande des amateurs français et suisses, j'y ai fait figurer la description des très nombreuses races de chiens de ces pays.

De nombreux emprunts ont été faits aux meilleurs auteurs en la matière ; j'ose espérer qu'ils me seront pardonnés, étant donné que, en fin de compte, ce sera notre ami le chien qui en aura tout le profit.

Un certain nombre de races peu connues, dont aucun club spécial ne s'est occupé jusqu'à ce jour, n'ont pas encore vu leurs points fixés officiellement. J'ai établi ceux-ci avec le plus grand soin, d'après des renseignements, des gravures, des tableaux, etc., et suis parvenu à en donner une description aussi exacte que possible.

Pour ce qui concerne les autres races, j'ai copié ou traduit les points adoptés par les clubs spéciaux des pays d'origine de chaque variété de chiens.

Les diverses races sont décrites les unes à la suite des autres dans un ordre plus ou moins fantaisiste. Je me suis toutefois attaché à les diviser en trois séries formant les trois parties de l'ouvrage : les chiens de luxe et d'utilité, les terriers et les chiens de chasse.

Cette classification en trois parties est déjà passablement difficile. Par exemple, l'Affenpincher, qui est en somme un chien de dame, aurait dû être placé à côté du Griffon Bruxellois, dans la première partie ; mais le mot *Pincher* (Terrier) m'a obligé à le faire figurer dans la seconde. Il en est de même du Yorkshire Terrier qui, sans aucun doute, est plus chien de dame, lui aussi, que Terrier.

D'autres races, telles que les chiens du Labrador, les chiens d'Elan, les chiens de Bresse, etc., employées aussi bien comme chiens d'utilité et de luxe que comme chiens de chasse, auraient pu être classées dans la troisième partie. Je les ai, involontairement il est vrai, placées dans la première catégorie.

Le mot français Braque et le mot allemand Bracke n'ont pas la même signification ; les Braques Hanovriens, Autrichiens, Holsaciens, de Westphalie, de la Ruhr, etc., sont des chiens courants, tandis que les premiers sont des chiens d'arrêt.

Les Griffons de chasse se suivent, tandis qu'il y a des Griffons d'arrêt et des Griffons courants.

Les Whippets, quoique n'étant pas des chiens de chasse, mais des chiens de course, sont placés dans la troisième partie avec les Lévriers.

Quelques espèces sont décrites comme races distinctes tout en n'étant cependant que des sous-variétés ; mais leurs points étant fixés par des clubs spéciaux de différents pays, je n'ai pas voulu, *comme compilateur*, les écarter. Il en est ainsi, entre autres, pour les chiens de Berger Belges et Hollandais et certains Griffons de chasse.

J'ai encore mentionné, quoique la société « Hirschmann » les ait rejetées, les deux variétés de Limiers Allemands (Leithundsform et Schweisshundsform).

A la demande de quelques amateurs, j'ai donné le plus exactement possible l'origine des différentes races ; toutefois, un certain nombre de ces renseignements reposent sur des on-dit, les auteurs les plus anciens n'étant souvent pas d'accord entre eux sur ce point.

Quelques personnes m'avaient demandé de joindre à mon livre un traité des maladies des chiens ; mais comme il existe dans toutes les langues de bons ouvrages sur la matière, j'ai cru bien faire de m'abstenir sur ce point.

Mon intention n'était pas de citer les races de chiens sauvages ; quelques variétés se rencontrant cependant parfois sur les bancs des expositions, je les ai décrites.

Remercier séparément tous les journaux, sociétés, amateurs ou éleveurs qui m'ont prêté gracieusement leurs clichés est chose impossible et prendrait trop de place dans une préface ; le lecteur retrouvera leurs noms sous les gravures.

Le *Kennel Club Hollandais Cynophilia* mérite cependant un témoignage spécial de reconnaissance pour avoir mis à ma disposition quelques centaines de gravures du livre que j'ai publié, il y a quelques années, pour cette Société.

De même que Calchas, dans la Belle Hélène, trouve qu'il y a trop de fleurs, le lecteur du présent volume trouvera peut-être qu'il y a trop de gravures (1392). Mais j'ai à cela une excuse et même une bonne : c'est qu'il n'y a pas moyen de se faire une idée exacte d'une race en consultant seulement les points. Ainsi, par exemple, d'après la description suivante : « Tête petite et assez ronde ; crâne de forme ronde ; oreilles en forme de V et légèrement frangées ; poil formant autour du cou une crinière comme celle du lion et aux pattes de derrière des poils comme une brosse ; pattes de devant droites comme le canon d'un fusil ; queue portée haut, le poil tombant comme un saule pleureur, etc. » Le chien fidèlement copié d'après ces points donnerait le résultat ci-contre.

De plus, malgré les clubs spéciaux, les juges ont parfois personnellement des types différents d'après lesquels ils classent les concurrents aux expositions. Un exemple entre cent suffira pour éclairer le lecteur : Un Bull-Dog un peu haut sur jambes remportera un premier prix grâce à sa tête énorme et bien développée ; le même chien n'obtiendra qu'une simple mention sous un autre juge spécialiste qui préfère le Bull-Dog à large poitrine, très bas sur jambes et à tête moins développée.

Ci-contre encore quelques exemples de Braques Allemands, Kurzhaarige Deutsche Vorstehhunde (« Hector I » et « Nimrod-Trefflich ») et d'Épagneuls Anglais, English Setters (« Master Sley » et « Roderick of the Lahn »), ayant remporté des premiers prix sous des juges compétents, mais dont les types diffèrent ; il en est, hélas, ainsi de presque toutes les races canines.

Les peintres et dessinateurs ayant collaboré à mon ouvrage forment un groupe bien international. Citons au hasard et par nationalité :

De *Belgique* : MM. A. Clarys, E. van Gelder, Mlle Zélia Klerx, MM. Ed. van der Meulen, L. Vander Snickt ;

De *Hollande* : Mlle Joh. Bleulandt van Oordt, MM. le Comte H.

de Bylandt, L. Dobbelmann, Jr. O. Eerelman, J. te Gempt, M. Kuy-
tenbrouwer, M. Lens, L. Wenckebach;

De *France* : M. E. Bellecroix, Mme A. Billet, MM. E. Boulard,
J. Dryx, E. Faure, G. Gélibert, J. Gélibert, J. Gillot, F. de Haenen,
A. Huet, P. Mahler, T. Masson, P. Mégnin, Ol. de Penne, P. Tavernier,
H. Vaurez, L. Verrier;

D'*Angleterre* : MM. J. Ansdale, A. Baker, J. Burns Gray, C. Burton,
J. Charlton, G. Chatterton, F. Cheesebro, J. Dash, S.-T. Dodd, C. Dunn,
Geo Earl, Mlle Maud Earl, MM. J. Emms, L. Fay, B. Firth, Mlle Minnie
Gurnell, MM. W. Hunt, S. Hutchinson, A. Landseer, A.-F. Layton,
H. Lees, Mlle K. Moody, MM. R.-H. Moore, G. Morley, R. Nightingale,
A. Thear, Mme A. Vernon-Stokes, M. L. Wain, Mlle Lucy Waller,
MM. A. Wardle, J. de Wilde, T. Wood;

D'*Amérique* : MM. G. Muss Arnolt, H. B. Tallman, J. Wynhardt;

D'*Italie* : MM. C. Dagano, G.-B. Quadrone;

D'*Allemagne* : MM. B. von Bassewitz, L. Beckmann, J. Bungartz,
A. Greiner, A. Hober, C. Kappelen, E. Klein, A. Kull, A. Ludicke, C.
von Reth, H. Sperling, J. Störcke, R. Strebel, J. Strich-Chapell, O.
Vollrath, J. Wagner, A. Weinberger;

De *Suisse* : MM. U. Eggenschwiller, J. Petersen, S. Rydiau, C.
Steigers;

De *Suède* : G. Petterson;

Du *Danemark* : A. von Raventlow;

De l'*Autriche* : A. Arnold, etc.

A mesure que de nouvelles races seront créées ou découvertes ou
que des modifications importantes seront apportées aux points des races
déjà décrites dans cet ouvrage, les souscripteurs pourront recevoir les
feuilles supplémentaires à intercaler, au prix de un franc la feuille de
huit pages. Toutefois, ces tirages ne se feront que si le nombre de
demandes est suffisant.

Je termine avec l'espoir que mon livre comblera une lacune dans
toutes les bibliothèques d'éleveurs et d'amateurs de chiens.

Comte Henri de Bylandt.

Bruxelles, août 1897.

CRITIQUE DE LA PRESSE CANINE

ET QUELQUES

Opinions non demandées de la première édition (Hollandaise)

(FÉVRIER 1894)

Le Comte Henri de Bylandt vient de publier un beau volume ayant pour titre: *Rasnunten Boek van de meest bekende Hondenrassen*. Cet ouvrage, écrit en Hollandais, donne de précieux renseignements, parmi lesquels nous citerons la liste de toutes les Sociétés Canines et clubs spéciaux du Continent et de l'Angleterre, avec les noms du président et du secrétaire, ainsi que l'adresse de ce dernier et la cotisation annuelle. Ces Sociétés sont au nombre de 193. Deux pages de dessin, fort bien exécutées, avec le texte explicatif, indiquent les principaux défauts se rencontrant dans toutes les races de chiens, elles permettent à l'amateur le plus novice de comprendre immédiatement les termes employés pour désigner chacun de ces défauts. La denture qui, chez le chien, est le seul moyen de constater approximativement l'âge de l'animal, est également très bien rendue. L'auteur détaille ensuite les points de toutes les races connues en Hollande, points fixés, pour la plupart, par les Clubs Spéciaux. De fort belles gravures représentant des chiens connus et de valeur accompagnent les descriptions. Ce volume, de format in-4°, orné de plus de 400 gravures, comptant 440 pages et décrivant 90 races de chiens, a sa place marquée dans la bibliothèque de tous les amateurs de chiens.

(BELGIQUE) *Chasse et Pêche, Acclimatation et Elevage.*

Le magnifique ouvrage que nous recevons est certainement l'un de ceux les plus splendidement illustrés, même parmi les ouvrages étrangers; il comporte en effet 400 figures choisies parmi les mieux réussies de tous les ouvrages à figures. L'auteur donne une liste des divers Clubs et Sociétés ayant le culte du chien. Par une série de figures, il montre les termes employés dans les descriptions qui doivent suivre pour expliquer les formes de la tête, des oreilles, des pattes, du fouet, etc., et permettre au lecteur de bien apprécier les caractères de chaque race.

Débutant par les Chiens de Berger, nous voyons de bonnes figures du Colley et de l'Ecossais, des chiens Bergers Allemand et Belge; *mais nous regrettons que les races Françaises de Brie et de Beauce aient été ignorées de l'auteur: c'est une lacune.* Viennent ensuite les Saint-Bernards, les Dogues et Bull Dogs, très largement représentés; puis les Caniches, les petits Danois, les Loulous, les Esskimaux et la longue série des Terriers divers, y compris les Skyes et Dandie-Dinmont et Yorkshire. Puis les Carlins, Schipperkes, petits Griffons divers, les King-Charles, Blenheim, Chin-Chin, les Chiens nus et Maltais terminent la série des chiens de luxe.

Les chiens d'arrêt, très largement décrits et représentés pour ce qui regarde les Setters et Pointers, *sont privés de toute description et figures des races Françaises bien caractérisées comme le Braque Dupuy, la race de Toulouse, le vieux Braque français, le Griffon Boulet, l'Epagneul de Pont-Audemer et tant d'autres. C'est une lacune que nous lui signalons pour la prochaine édition:* Quel dommage pour nous que ce livre soit écrit en Hollandais! C'est une langue que nous ignorons et probablement beaucoup de Français partagent notre honte à cet égard. Nous regrettons que le savant auteur, qui est un polyglotte distingué, ait tenu à le publier dans la littérature qui n'appartient qu'aux habitants des Pays-Bas.

(FRANCE) *Acclimatation.*

Men zegt wel eens: « Personne n'est prophète dans son pays, » doch in dit geval bestaat er weinig kans op dat dit spreekwoord op H. A. Graaf van Bylandt zal kunnen toegepast worden; integendeel, de uitstekende uitvoering van bovengenoemd werk, de goede druk, de goedgeslaagde gravures, de duidelijke begeleidende tekst en de groote zorg welke aan geheel het werk besteed is, doen mij een groot, *zeer* groot succes verwachten.

Het schoone werk verdient de meest algemeene verbreiding, en mag op geen schrijftafel of in geen bibliotheek van een kynoloog ontbreken, en zelfs zal het tijdstip niet meer ver af zijn, waarop dit werk zal voorkomen op de lijst van de boekwerken welke als prijs voor de hoogste klasse der lagere scholen zal kunnen dienen.

Het geheele werk valt te roemen, zoo zaakkundig is het in elkaar gezet; men kan het gerust de vraagbook noemen voor al diegenen welke hondententoonstellingen, zoowel binnen- als buitenlandsch bezoeken.

Hoe menigmaal komt het niet voor dat men wenscht te weten waar deze of gene Club haar zetel heeft, en tot wien men zich wenden moet om inlichtingen te bekomen; welnu voortaan behoeft men slechts tusschen bladzijde 16 en bladzijde 43 van het Raspuntenboek te zoeken, en men vindt daar alle bijzonderheden omtrent de Nederlandsche, Belgische, Duitsche, Zwitsersche en Engelsche Vereenigingen.

Ook was het een gelukkig denkbeeld van Graaf van Bylandt om een lijst te geven van de meest gebruikelijke Engelsche uitdrukkingen op hondensport gebied en menigeen, die wel eens stukken uit *Stock Keeper* of *British Fancier* wenschte over te zetten, zal dikwijls met de

a

handen in het haar gezeten hebben, om zulks behoorlijk in het Hollandsch te vertalen; de dictionnaire kan daar niet dienen, want het is echt tentoonstellers-argot en men moet menige goede Engelsche schouw meegemaakt hebben om daarmede op de hoogte te komen. Ook de aanschouwelijke voorstelling van enkele minder bekende gebreken zal velen welkom zijn, terwijl ook enkele anatomische bijzonderheden en een goede voorstelling van de tandwisseling menigeen diensten kan bewijzen.

Buiten het hoofdgedeelte gewijd aan de beschrijving van de verschillende rassen en hunne voorstelling, volgens de beste afbeeldingen daarvan in de voornaamste vakbladen, bevat het boekwerk nog een geillustreerde opgave van enkele voorname kennels in Nederland en in het buitenland, verder een opgave van de meeste Nederlandsche fokhonden en een overzicht van de meest verspreide Sportbladen.

Het eerste gedeelte behandelt de niet-jachthondenrassen ; in het geheel zijn er meer dan 400 illustratiën.

Het tweede gedeelte, de jachthonden behandelende, begint met het portret van Swell, den Ierschen Setter van onze jonge Koningin, terwijl men een bladzijde verder diens grootvader, den beroemden Champion Garryowen bewonderen kan. Dan volgen de Engelsche Setters, de Pointers, de Gordons, de Windhonden, de Bloedhonden, in één woord al de rassen van jachthonden ; maar wij willen het thans hierbij laten en het liever aan de gelukkige bezitters van dit standaardwerk overlaten, om dat alles zelf met gemak te bekijken en te bestudeeren.

(HOLLANDE) Nederlandsche Sport.

This in quarto volume is charming. Its author, in his short preface, calls it « a dray summary of standard-points ; » we call it a brilliant Panorama in which the best artists of the day (English, French, German, Belgian, American and Dutch) gradually unfold before our eyes their choicest engravings of nearly all the known species in Dogdom. This Dutch Standard Work of 400 pages, contains over 400 exquisite engravings; among the St-Bernards we notice Sir Bedivere, Peggotty, Young Barry, Marvel and also the deeply lamented « Prince Battenberg ».

Indeed, every amicus canis will find in this grand work his own favourite breed copiously represented. We just mention a few illustrations : Of St-Bernards there are 26, of Terriers 46, of Bulldogs 27, of Setters 21, of Spaniels 17, of Collies 13, etc. On page 51 we find a picture of a Greyhound owned by Nimrod, King of Babylonia some 2,000 years before Christ ; but our noble author plunges still deeper into antiquity by recalling to our mind, on page 50, Cerberus (the Guard of Hell) a somewhat terrific doggy who indeed seems to be well fitted for his hideous post. Whether Cerberus holds this important position yet, Count van Bylandt does not state. This splendid book also contains nearly all the different Continental Canine Societies as well as the Irish, Scotch and English with their secretaries adresses to wit. In my immediate neighbourhood notice is taken of Accrington, Blackburn, Darwen and Preston. On pages 44-47 some 100 English technical doggy words, such as cowhocked, stifle, stern etc. are translated or rather circumscribed into Dutch and these in their turn are well explained by beautiful illustrations on pages 48-49 most useful to the uninitated. Finally the work is completed by a full and accurate index. Paper, print and method are excellent and the price is very low. In all our doggy experience we never had the pleasure of walking through an International Canine art Exhibition so complete, so interesting, so charming. It is well worthy of its noble composer H. A. Count de Bylandt, the esteemed President of the Society Cynophilia.

(ANGLETERRE) The British Fancier.

Rassezeichenbüch der Niederländischen Gesellschaft von Liebhabern und Züchtern von Rassehunden « Cynophilia » zusammengestellt von Graf H. A. von Bylandt mit ca. 400 Abbildungen. Obiges elegant ausgestattete Bilderbuch in Grossquartformat enthält in Holländischer Sprache kurz und bündig die Rassezeichen der meisten heute zahlreiche Bilder bester Vertreter der beschriebenen Rassen. Es ist ein Buch, in dem sich jeder Laie, dank der güten Bilder, zurecht finden kann. Für denjenigen der die kynologische Literatur der letzten 6 jahre kennt, finden sich unter den Abbildungen keine neuen, da dieselben alle aus den besten Zeitschriften wie « Stockkeeper », « Chasse et Pêche », Zentralblatt », « St-Hubertus », « Zwinger und Feld », « Chenil », « Acclimatation », « Hundesport » stammen ; das smälert aber. das Verdienst nicht, diese verschiedenen Zerstreuten Bilder einmal in einem Band gesammelt zuhaben. Auch aus unserm « Zentralblatt », finden sich eine ganze Reihe Clichés und wir müssen es mit Genugtuung gestehen. neben den Mahler'schen Zeichnungen gehören sie zu den besten Bildern die das grosse Bilderbüch enthält. Bernhardinern, Doggen und Pudeln sind besonders viele Bilder gewidmet.

Die Rassezeichen, die die Bilder begleiten, sind kurz und bündig abgefasst; schade dass sie der Mehrzahl der Kaüfer des Büches weil Holländisch nicht verständlich sein werden. Eine Liste aller Deutschen, Englischen, Französischen, etc Kynologischen Vereine und Klubs über 100 folgt. Der Bilder und Kennzeichen wegen, können wir das Album aber jedem Hundefreund bestens empfelen; er wird nicht so bald wieder eine ähnliche Sammlung güter Hundebilder in einem Band erhalten.

(SUISSE) Zentralblatt für Jagt- und Hunde-Liebhaber.

Count Henry A. van Bylandt, of Maarssen, Holland, Netherlands President of the Dutch Kennel Club, has sent us a handsome book. Its title is « Raspuntenbook ». Literally it is a « Racepointbook », or standard of points of the best known breeds of dogs composed by Count H. A. van Bylandt. The book is 12 X 9 inches, over 400 pages, printed on a superior quality of English bookpaper and contains more than 400 engravings many of them being beautiful half-tones and some of them 12 X 18 inches in size. The book contains the names of the Clubs and the two first officers of Dutch, German, Belgian, Swiss, French and English Dog Societies. Technical names, description and illustration of points of dogs are given followed by a comprehensive description of the different breeds with standards-scale of points fully illustrated. There is also a breeders directory. While the book is printed entirely in Dutch, Roman letters are used and the matter can be easily understood by most English readers.

(AMÉRIQUE) The Dog Fancier.

Raspunten Boek, die Holländischen Rassekennzeichen herausgeben von der « Cynophilia » und zusammengestellt von Herrn H. Graf von Bylandt ist erschienen. Ein stattliches Buch in Quartformat von nicht weniger als 392 Seiten mit 400 Illustrationen. Druck und Papier sind gleich vorzüglich die Ausstattung überaus vornehm. Der niedrige Preis ist nur dadurch erklärlich dass wohl nahezu alle Clichés für die Zahllosen Illustrationen gratis zur Verfügung gestellt worden sind. Ein Buch dieses Umfangs würde im Deutschen Buchhandel etwa 20 Mark kosten. Der textliche Theil ist im Verhältniss zu den Zahllosen Illustrationen nebensächlich so dass auch Hundeliebhaber, die kein wort Holländisch verstehen das Büch mit gleicher Befriedigung durchblättern werden.

(ALLEMAGNE) Der Hundesport.

De kundige kynoloog, H. A. Graaf Van Bylandt, President der Vereeniging *Cynophilia*, heeft in zijne hoedanigheid van hondenkenner en Voorzitter der genoemde Vereeniging een fraaien kwartijn uitgegeven, die in twee opzichten een standaardwerk mag genoemd worden. In de eerste plaats, omdat het boek als « Raspunten-Boek van de Nederlandsche Vereeniging van Liefhebbers en Fokkers van Rashonden » den standaard aangeeft volgens welken zeker hondenras beoordeeld moet worden, maar ten tweede, omdat het boek met zooveel degelijkheid, nauwkeurigheid en pracht is uitgegeven, dat het als sportboek in zijn soort zeker lang een standaardwerk zal blijven. De samensteller, die sedert jaren op zijn gebied veel bekendheid heeft, en ook in het buitenland in menige jury van hondententoonstellingen zitting heeft gehad, wiens verzameling afbeeldingen van bekroonde honden uit alle landen der wereld o. a. de aandacht trok op de Sporttentoonstelling te Scheveningen, heeft zich geen moeite gespaard zijn boek ook voor het oog aantrekkelijk te maken. Hij heeft terecht ingezien, dat zelfs kenners niet voldoende voorgelicht worden door een dorre opsomming der eischen, waaraan zekere goede rashond moet beantwoorden, doch dat afbeeldingen van beroemde en veelmaals bekroonde exemplaren het duidelijkst den standaard aangeven. En die afbeeldingen geven het boek iets recht aanlokkelijks voor hen die de schoone of karakteristieke schepselen der natuur, in dit geval den vriend des menschen, gaarne bewonderen of liefhebben. Bijna op elke der ruim 400 bladzijden vindt men het portret van een schoonen, bekroonden hond, somtijds toebehoorende aan de vorsten en grooten der aarde, somtijds aan de eenvoudigen van hart, die hun affecties niet beter hebben weten te plaatsen, dan op een braven, aanhankelijken viervoetigen vriend of vriendin.

Het spreekt vanzelf, dat deze zeer talrijke galerij van portretten niet bestaan kon uit niets dan oorspronkelijke gravuren, want het boek — we leven hier niet in Engeland — mocht niet te duur zijn en kost dus slechts 5 gulden. Maar alle uitgevers van bekende sportbladen in Oost en West en uitgevers van prachtwerken in het buitenland hebben hun clichés en koperen platen beschikbaar gesteld (niet zelden geheel belangeloos) voor deze Nederlandsche uitgaaf.

Onder de oorspronkelijke Nederlandsche platen is er een op zwaar papier gedrukt, voorstellende den fraaien Ierschen setter « Swell », toebehoorende aan H. M. de Koningin der Nederlanden.

De Iersche setter is wel een der vlugste, geestigste, schoonste hondenrassen en munt uit door een groote mate van levenslust, *spirit* en aanhankelijkheid. Bovendien maken zijn slanke vorm en zijn glanzend zijden haar van een rijk kastanjebruine kleur, schitterend als goud, hem tevens tot een der schoonste jacht- en huishonden. In de laatste jaren is dit ras zeer in de gunst der hondenvrienden en verdient dat meer dan de vrij vervelende, niet zelden knorrige Pug- of Mopshond.

Onder de afbeeldingen van Nederlandschen oorsprong zijn er van Eerelman, 'Te Gempt, Lens en den schrijver Graaf van Bylandt.

Het is werkelijk een genot deze beeldengalerij van fraaie dieren te beschouwen en hun verhoudingen, karakteristieke koppen of eigenaardige zonderlingheden te bewonderen. Men vindt er van allerlei afmeting, vorm en haargroei. Van den stoeren Duitschen Dog, Mastiff, Sint-Bernard, Newfoundlander, Schotschen Deerhond tot aan den Toy-Terrier, Affenpinscher, King Charles, enz. ; van den kwabbigen Bloedhond en ingedeukten Bulhond tot den speksten Hazewindhond ; van den haarloozen Woestijnhond tot den Koordenpoedel, Skye-terrier en den geheel onder zijn haardos verdwijnenden Yorkshire Terrier.

Een afzonderlijke rubriek vermeldt de Honden-Vereenigingen in Europa met haar besturen, de beroemde « kennels » of fokkerijen, de adressen der met goud bekroonde prachtexemplaren, die op billijke voorwaarden zich voor allianties beschikbaar stellen en ten slotte de practische bladwijzers, die het gebruik van het boek gemakkelijk maken.

Niet alleen als wetenschappelijk « Raspuntenboek », doch als, boeiend plaatwerk zal deze uitgave van den President van « Cynophilia » zeker een welverdiende waardeering ondervinden.

(HOLLANDE) *Het Vaderland.*

M. le Comte Henri de Bylandt, Président de la Société Hollandaise « Cynophilia », vient de faire paraître un très intéressant ouvrage « Raspuntenboek », traitant de toutes les races canines.

Ce livre, grand format in-4°, contient 400 gravures empruntées aux principales publications canines.

L'auteur a, en outre, dessiné lui-même environ quatre-vingts têtes de chiens, toutes plus réussies les unes que les autres. Chaque amateur trouvera donc dans ce volume sa race préférée, traitée de main de maître.

L'ouvrage contient, de plus, la liste complète de toutes les Sociétés Canines, avec les noms des présidents et des secrétaires.

(FRANCE) *Le Chenil.*

In de vorige week vermeldden wij, dat het HH. MM. de Koningin en de Koningin-Regentes behaagd had het « Raspuntenboek van de meest bekende hondenrassen », uitgegeven door de Nederlandsche Vereeniging van liefhebbers en fokkers van rashonden « Cynophilia » en samengesteld door H. A. Graaf van Bylandt, President der Vereeniging, te aanvaarden. Thans kunnen wij er bijvoegen, dat dit prachtwerk, opgeluisterd met ruim 400 illustratiën, een uitvloeisel is van art. 3 al. *c* der statuten, dat voorschrijft « het samenstellen van een raspuntenboek van zoo mogelijk alle erkende hondenrassen met afbeeldingen van de meest volmaakte exemplaren van elk ras ». De afbeeldingen, welke deze rasbeschrijvingen versieren, zijn zoo internationaal mogelijk. Engelsche, Amerikaansche, Fransche, Belgische, Duitsche en Hollandsche teekenaars hebben er ieder het hunne toe bijgedragen en de Hollandsche van hun land te vereeuwigen. De namen van de Hollandsche artisten zijn de heeren O. Eerelman, M. Lens en H. A. Graaf van Bylandt, terwijl de laatstgenoemde tevens een zevental schilden op den omslag van het werk evenals de beginletters der verschillende rassen, naar bekende honden heeft geteekend.

De inhoud van het werk is buitengewoon rijk, stempelt dit voor beoefenaren en liefhebbers van den hondensport tot een standaardwerk, dat met vrucht zal worden geraadpleegd, zal gewis de leemte aanvullen welke op dit gebied bestond en ongetwijfeld behoefte doen gevoelen aan de vervulling van den wensch van den hoogstverdienstelijken samensteller, dat een tweede deel, die rassen omschrijvende welke hier te lande nog niet bekend zijn, ook eenmaal tot uitvoering zal komen.

Behalve het meer technisch deel de rasbeschrijving van de luxe en jachthonden, 't hoofddoel van 't boek; behelst dit o. a. ook de statuten, de ledenlijst en bekroningskaart van « Cynophilia », benevens de Hollandsche en buitenlandsche Vereenigingen van hondenliefhebbers, de meest bekende kennels, de beste binnen- en buitenlandsche bladen over honden en, *last not least*, een rijke keuze van illustratiën, waaronder die van honden van vorstelijke personen zeer de aandacht trekken en wel in de eerste plaats « Swell », Iersche Setter van H. M. de Koningin der Nederlanden. « Swell » is in zittende houding afgebeeld, op een vignet waarboven de Koninklijke kroon prijkt. Voorts treft men aan « Itti », Japansche Spaniel en « Kumma », Chin-Chin van H. M. de Keizerin van Duitschland, « Pat en Mag », Iersche Terriers, van H. M. de Koningin van Engeland en « Marco »,

Keeshond van deze Koningin, « Opromiote » Barzoi en een groep Barzois van Z. K. H. Groothertog Nicolai Nicolaïevitch, « Röserl, Beiersche Gebirgsschweisshund » van Z. K. H. Prins Luitpold van Beieren, « Tam of Braunfels, » Engelsche Setter en « Leicester », Pointer, van Z. K. H. Prins van Solms-Braunfels.

H. A. Graaf van Bylandt, dien we reeds noemden als de samensteller van dezen belangwekkenden leiddraad, mag gelukgewenscht worden met dezen hem tot eere strekkenden arbeid, welke ongetwijfeld in veler hand zal komen en in de bibliotheek van geen jager en sportsman mag ontbreken. Aan de typographische uitvoering zijn de beste zorgen besteed door de firma Roeloffzen en Hübner te Amsterdam.

(HOLLANDE) *Het Dagblad.*

Graf Henry von Bylandt, der Präsident der Holländischen Vereins Cynophilia, übersendet uns ein Exemplar des von ihm mit anerkennenswerthem Fleisse zusammengestellten Buches über die Rasse-Hunde. Dasselbe zählt ca 400 seiten Text und obensoviele Illustrationen, lettere zum weitaus grössten Theile den Kynologischen Fachzeitungen Deutschlands entliehen.

Das Buch est ein sehr instruktives Kynologisches Bilderbuch, welches den Holländischen sportgenossen willkommen sein wird.

(ALLEMAGNE) *Zwinger und Feld.*

De Nederlandsche vereeniging van liefhebbers en fokkers van rashonden *Cynophilia*, heeft een raspuntenboek uitgegeven, dat door haren President, den heer H. A. Graaf van Bylandt, te Muursveeen, is samengesteld. De in het prachtwerk voorkomende raspunten zijn aangenomen door de verschillende buitenlandsche Clubs. In de uitgave vindt men de statuten der vereeniging, de naamlijst der leden, de Vereenigingen in Nederland, België, Duitschland, Zwitserland en Engeland, welke zich op het fokken van honden toeleggen, de technische benamingen, en ten slotte de beschrijving van de verschillende hondensoorten, alles opgeluisterd door meer dan 400 illustratiën. Al dadelijk zal het den aandachtigen lezer opvallen, welke groote voordeelen de hondenliefhebbers aan het boek hebben. Niet alleen staan er de verschillende vereischten in vermeld, waaraan een hond moet voldoen, maar ook zijn de fouten beschreven, zoodat men des te gemakkelijker de echte van de onechte soorten kan onderscheiden.

(HOLLANDE) *Handelsblad.*

Das Buch biete als Nachslagen-buch über die Kennzeichen einzelner Rassen schatsenswerte Informationen.

Typographisch ist das Buch sehr säuber ausgestattet.

(ALLEMAGNE) *St-Hubertus.*

De Nederlandsche Vereeniging van Liefhebbers en Fokkers van Rashonden *Cynophilia* heeft, in den vorm van een lijvig groot quarto deel, haar « Raspuntenboek » in het licht gegeven. Het is samengesteld door den President, H A. Graaf van Bylandt, en versierd met meer dan 400 prachtige illustratiën, zoo internationaal mogelijk, omdat kunstenaars van alle landen daartoe hebben bijgedragen.

Het geheele boek is een lust der oogen en zal zeker door de hondenliefhebbers, ook om den rijken en degelijken inhoud, met vreugde worden begroet.

De samensteller spreekt den wensch uit, dat nog een tweede deel eenmaal tot uitvoering zal komen, ter omschrijving van de rassen welke hier te lande nog niet bekend zijn.

(HOLLANDE) *Nieuws van den Dag.*

Cher Comte,

Je suis confus de votre très gracieuse attention. Je viens de recevoir votre ouvrage renfermant la nomenclature précieusement recueillie des races de chiens que l'on connaît, dont vous déterminez les types avec tant de vérité et d'autorité. Vos modèles sont bien choisis et les points qui constituent les races très bien définis.

Je vous en fais mon sincère compliment et ne puis assez vous remercier de ce précieux cadeau dont je fais le plus grand cas.

Veuillez agréer, cher Comte, etc.

Baron W. DEL MARMOL,
Président de la *Société Royale St-Hubert*

Hooggeboren Heer,

Zeer aangenaam werd ik verrast door uw fraai geschenk. De plateu zijn prachtig uitgevoerd, in *geen enkel* kynologisch werk bestaan zulke goede illustratiën en ik twijfel niet of de tekst is even goed en duidelijk.

Hoogachtend,

Uw dw dien.,
Baron F.-W. VAN TUYLL,
President der *Nederlandsche Jagdvereeniging Nimrod.*

Dear Sir,

On my return from England yesterday, I found your letter and the very handsome book on dogs, which you so very kindly send me and for which I thank you very much. It is the best book of the kind—I have seen. We have nothing like it either in Germany or England as I consider it superior to Vero Shaw's work.

Yours very truly,

John W. LOUTH,
Breeder of Pointers.

Hooggeboren Heer,

Ontvang in de eerste plaats mijne hartelijke felicitatie met het welslagen van uwe prachtige zeer volledige uitgave van het zoo rijk geïllustreerd Raspuntenboek. Het is werkelijk een genot om het dagelijksch in te zien. U hebt dan ook hiermee aan vele hondenliefhebbers een waren dienst bewezen.

Ontvang dan ook hiermede mijn besten dank, met de meeste hoogachting.

N. HUYGEN,
President Ned. *Duitsche Doggen-Club.*

Cher Monsieur,

Je vous remercie d'avoir bien voulu m'envoyer un exemplaire de votre bel ouvrage sur les races canines pour la bibliothèque de notre Société. Il nous sera utile et nous le consulterons souvent.

Je vous remercie également d'avoir fait figurer toutes nos Sociétés Canines sur la liste qui commence votre ouvrage. J'ai regretté seulement que vous n'ayez pas fait figurer quelques chiens de nos belles races de chiens courants Français et bâtards.

Si vous faites une seconde édition, il faudra réparer ce petit oubli. Recevez, je vous prie, cher Monsieur, etc.

Léon D'HALLOYE,
Vice-Président de la *Société Centrale pour l'amélioration des races de chiens en France.*

Hooggeboren Heer,

Het was mij een hoogst aangename verrassing uw prachtig *Raspuntenboek* te ontvangen.

Bij kennismaking met de vrucht van uwen reuzenarbeid, wist ik niet wat meer te bewonderen, uwe grondige wetenschap, uw talent uwe volharding of eindelijk de zorg aan de uitvoering besteed, en kom ik U zoowel den oprechten dank van het Hoofdbestuur als den mijnen aanbieden voor uw kostbaar geschenk dat ons niet alleen dikwijls tot leiddraad zal strekken; maar ook eene blijvende herinnering aan den vriendelijken gever zal zijn.

Met verzekering mijner bijzondere hoogachting heb ik de eer te zijn

Uw hooggeb. dw. dn.,
H. LEEMBRUGGEN,
Secretaris der *Nederlandsche Jagd-Vereeniging Nimrod*.

Dear Sir,

We beg to acknowledge with *many* thanks your excellent book of the different canine breeds. We are just going to press and will give a short notice of same in next issue and subsequently review it *more* fully.

Your faithfully,
The Manager of the *British Fancier*.

Herrn Henry Graf von Bylandt,

Für das mir zum Geschenk gütigst übersandte Buch, Hunde aller Rassen erstatte ich Ihnen hiermit meinem wärmsten Dank ab.

Das Buch welches wirklich prachtvoll zusammen gestellt ist, werde ich so fort mit einem entsprechend schönen und sinnigen Einband versehen lassen.

Mit vorzüglicher Hochachtung,
Sebast. TILLMANN,
Vorsitzender vom *Club Kurzhaar*.

Monsieur le Comte,

J'ai bien reçu votre ouvrage sur les différentes races de chiens, que vous avez eu la gracieuseté de m'envoyer, et vous en remercie.

C'est un livre très intéressant que vous avez publié, tous les amateurs le liront et le consulteront avec beaucoup d'intérêt, je ne puis assez vous féliciter pour cet important travail.

Recevez, etc.

F.-E. de MIDDELEER,
Président du *Schipperkes Club* et du *Club du Griffon Bruxellois*.

Hoog geboren Heer,

Gisteren avond ontving ik het exemplaar Raspuntenboek hetgoen U zoo welwillend waant mij toe te zenden.

Daarvoor mijn hartelijken en welgemeenden dank.

Gisteren avond bracht ik werkelijk een paar aangename uren door met de luitstekende gravuren aandachtig te bekijken en tevens na te gaan met welke nauwgezetheid gij voor elk ras de punten uitgewerkt hebt.

Ook uwe woordenlijst van de meest voorkomende uitdrukkingen zal mij nog menigmaal van dienst kunnen zijn, want in de Engelsche doggy world bedient men zich tegenwoordig van die uitdrukkingen waarvoor de dictionnairen volstrekt geen aannemelijke vertolking geven. Hoe jammer dat de Nederlandsche taal voor de buitenlanders zoo weinig genietbaar is, anders zou een standaardwerk als het uwe zeer zeker ook in Frankrijk, Duitschland, Belgie en Zwitserland zoo algemeen opgang hebben gevonden als de groote moeite welke U zich getroost heeft, zulks verdient.

Geloof mij, enz.

H. SODENKAMP,
Redacteur der *Nederlandsche Sport*.

Dear Sir,

We have received with thanks the copy of your new Dog Book and most heartily congratulate you on the way it has been produced.

Yours faithfully
DEAN AND SON,
Editors Dog Owner's Annual.

Monsieur le Comte,

Je m'empresse de venir vous exprimer tous mes remerciments de l'amabilité que vous avez eue de m'envoyer le magnifique ouvrage édité tout récemment par vos soins. Veuillez recevoir toutes mes félicitations, c'est un ouvrage très utile et admirablement bien compris. Il fournit tous les renseignements nécessaires aux amateurs de chiens, sans cependant trop s'étendre dans la description des races.

Merci donc encore et vouillez agréer, Monsieur le Comte, etc.

A. GANTOIS,
Secrétaire de la *Société Royale St-Hubert*.

Hooggeboren Heer,

Bij deze nemen wij beleefd de vrijheid Ued. Hooggeboren onzen hartelijken dank te betuigen voor het gezonden present exemplaar van het *Raspuntenboek*.

De uitgave ziet er keurig uit en voldoet ongetwijfeld aan een reeds lang gevoelde behoefte. Het lijdt dan ook geen twijfel of de fokkers zullen U dankbaar zijn voor uwe zorgvuldige bewerking.

Met de meeste hoogachting
G. HAZENBERG,
Uitgever der *Nederlandsche Sport*.

Monsieur et cher maître,

Le volume que vous avez bien voulu m'adresser m'est bien parvenu en son temps; j'étais absent, ce qui explique le retard de mon accusé de réception que je vous prie d'excuser.

Ce splendide ouvrage, le plus complet que nous possédions sur la Race Canine, fera certainement sensation. Je compte me donner la satisfaction de l'analyser et d'en dire tout le bien que j'en pense. Je vous suis très reconnaissant de cet envoi qui constitue un superbe cadeau.

Recevez mes remerciments, et je vous prie d'agréer, Monsieur le Comte, etc.

E. DEYROLLE,
Rédacteur de l'*Acclimatation*.

Hooggeboren Heer,

Heden ontving ik een exemplaar van het *Raspuntenboek*. Ik ben hier zeer gevoelig voor en betuig Ued. mijn besten dank. Het werk is ver boven mijn lof verheven en zal, vooral ook in het buitenland groot opzien baren. Wanneer ik wilde wachten om er een ietwat passende en volledige beschrijving en bespreking van te leveren, zou ik werkelijk verlegen zitten niet wetende wat 't meest te loven. Ik hoop echter mijn best te doen en een en ander in No 4 van dezen jaargang te kunnen opnemen.

Met de meeste hoogachting enz.

J. VAN REIST,
Redacteur van *Onze Honden*.

Proverbes, Dictons, Locutions et Paraboles.

Au commencement, Dieu créa l'homme et le voyant si faible il lui donna le chien.

A chair de loup, saulse de chien,
A chair de chien, saulse de loup.

Acheter un petit chien en sac.

Affamé comme un lévrier de chasse.

A méchant chien, belle queue.

A mauvais chien on ne peut montrer le loup.

Amour de ramière, blandissement de chien.

A petit chien, petit lien.

Appeler un chien pour défaire le chrétien.

> Au chien qui d'aboyer s'égueule
> Jette un bon os dans la gueule,
> Incontinent il se taira.

Au chien qui mord il faut jeter des pierres.

Aucun chien ne voudrait accepter un morceau de pain de lui.

A un bon chien n'échet jamais un bon os.

Barbe de lièvre, qui n'ose sortir de peur des chiens.

Battre le chien devant le lion.

Battre le chien devant le loup.

Beaucoup de chiens sont la mort d'un lièvre.

> Biaux chires leups, n'écoutez mie,
> Mère tenchant chien fieux qui crie.

Bon chien chasse de race.

Brave comme un chien.

Cela n'est pas tout chien.

Celui qui nourrit un chien étranger n'a d'autre profit que la corde.

Ce qu'il y a de meilleur dans l'homme, c'est le chien.

Ce sont deux chiens après un os.

C'est la plus noble beste et plus raisonable et mieux congnoissant que Dieu fist oncques.

> C'est le chien de Jean de Nivelles,
> Il s'enfuit quand on l'appelle.

C'est un barbet.

C'est un beau chien s'il voulait mordre.

C'est un bon chien celui qui va à l'église.

C'est un chien au grand collier.

C'est un chien qui aboie à la lune.

C'est un clabaud.

C'est une charrue à chiens.

C'est un vrai braque.

Cette ville a fait une défense de chien.

Chien affamé, de bastonnade n'est intimidé.

Chien couart voir le loup ne veut.

Chien en cuisine son per n'i désire.

Chien enragé mord partout.

Chien enragé ne peut longuement vivre.

Chien en vie vaut mieux que lion mort.

Chien hargneux a toujours l'oreille déchirée.

Chien mal coiffé.

Chien qui aboie à la mort.

Chien qui aboie ne mord pas.

Chien qui hurle au perdu.

Chien sur son fumier est hardi.

> Chiens, chevaux, oiseaux et serviteurs,
> Gastent, mangent et escorchent les seigneurs.

Comme le chien d'Esope, elle dit qu'elle n'en veut
point; c'est qu'elle n'en peut jouyr.

Coucher à barbatte.

De toutes tailles bons lévriers.

Deux chiens sont mauvais à un os.

Écorcher son chien pour en avoir la peau.

Entre chien et loup.

Envie court comme entre chien et chienne.

> Et dist-on : qui a ci esté?
> Cils chiens! et je n'ai riens gousté.

Étourdi comme un braque.

Être crotté comme un barbet.

Être heureux comme un chien qui se casse le nez.

Etriller quelqu'un en chien courtaud.

> Exempt de blâme
> Il rendit l'âme
> En bon chrétien
> Dans les bras de son chien.

Faire bras de fer, ventre de fourmi et âme de chien.

Faire le chien courant.

Faire noces de chien.

> Homme roux et chien lainu,
> Plustôt mort que connu.

Ici, c'est un loup qui nous presse, là c'est un chien
qui nous menace.

Il a crédit comme un chien à la boucherie.

Il arriverait plutôt malheur à un bon chien de berger.

Il est affamé comme un levron.

Il est d'une humeur de dogue.

Il est fait à cela comme un chien à aller nu-tête.

Il est fou comme un jeune chien.

Il est là comme chien à l'attache.

Il fait comme le chien d'Esope.

Il faut au bon soldat assaut de lévrier, fuite de loup et
défense de sanglier.

Il faut flatter les chiens, jusqu'à ce qu'on soit aux
pierres.

Il le suit comme un barbet.

Il mourrait plutôt quelque bon chien de berger.

Il n'attache point ses chiens avec des saucisses, car
ils mangeraient la corde.

Il ne faut pas donner le lard aux chiens.

Il ne faut pas se moquer des chiens avant qu'on ne
soit hors du village.

Il ne faut pas tuer son chien pour une mauvaise
année.

Il n'en jetterait pas sa part aux chiens.

Il ne serait pas bon à jeter aux chiens.

Il n'est abbay de chasse que de vieil chien.

Il n'est chasse que de lévriers.

Il n'est chasse que de vieux chiens.

Il n'est pas nécessaire de montrer le méchant à un
chien.

Ils se sont battus comme des chiens.

Ils sont comme chien et chat, ils se disputent pour
un os.

Ils sont yvres li chien maatin.

Il vient là comme un chien dans un jeu de quilles.

Il y a trop de chiens après l'os.

Jamais à un bon chien il ne vient un bon os.

Jamais bon chien n'abbaye à faute.

Je le jure par mon chien.

Jeter sa langue aux chiens.

Jeter un os à un chien pour le faire taire.

Ki volentiers fiert vostre chien,
Jà mar querés qu'il vus aint bien.

L'aboy d'un vieux chien doit-on croire.

Le bon chien fait le bon chasseur.

Le chien du fourbisseur l'a mordu.

Le chien ronge l'os parce qu'il ne le peut engloutir.

Le gentilhomme, le chien et le sac à sel, cherchez-les
près du feu.

Le chien se défend quand on lui ôte un os.

Le gros mâtin cherche du matin,
Sa bonne herbe contre le venin.

Les chiens d'Orléans n'aboient point.

Les chiens sont des candidats à l'humanité.

Les coups de bâton sont pour les chiens.

Leurs chiens ne chassent pas ensemble.

Lorsque l'âne meurt, le chien fait la noce.

Mener une vie de chien.

Marchant bourgeois ne facent come chiens,
Qui tout mangue et ne veut donner riens.

Ne joue pas avec les chiens,
Ils se croiraient tes cousins.

Nous sommes tous parochiens,
De la paroche des chiens.

Oncques mastin n'aima lévrier.

Oncques ne vy homme qui amast chiens et oysiaux
qui n'eust moult de bonnes coustumes en soy.

On ne congnoist pas le chien aux poils.

On ne lui demande pas : Es-tu chien? Es-tu loup?

On ne peut pas défendre bien le chien à aboier,
Ne le menteur à jaingler (à mentir).

On ne peut pas défendre au chien d'aboyer.

Pain de lévrier.

Par petits chiens le lièvre est trouvé,
Et par les grands est happé.

Petit chien, belle queue.

Pour chercher le lièvre au gîte,
Ton chien te quittera vite.

Pour douter bat-on le chien devant le lyon.

Pour l'alouette, le chien perd son maître.

Pour les convoiteux qui au chien,
Sont comparez d'orgueil prochien.

Pourvu que le chien trouve de la chair, peu lui
importe, qu'elle vienne du chameau de Mahomet
ou de l'âne de Jésus-Christ.

Quand le chien se noye, tout le monde lui porte à
boire.

Quand le loup est pris, tous les chiens lui mordent
les fesses.

Quand on veut noyer son chien, on dit qu'il a la rage.

Qui a bon voisin, a bon mâtin.

Qui chien s'en va à Rome,
Mastin en revient.

Qui couche avec les chiens se lève avec les puces.   —

Qui de mastin fait son compère, plus de baston ne
doibt porter.

Qui deux viautres enchainez,
Avoit avec soit amenez.

Qui m'ayme a mon chien s'esbanoye.

Qui m'ayme il ayme mon chien.

Qui perd un chien et retrouve un chat, c'est toujours
une bête à quatre pieds.

Qui s'en prend à mon chien, s'en prend à moi.

Qui son chien het on lui met sus la raige.

Qui va à la chasse,
Perd sa place;
Et qui revient,
Trouve un chien.

Qui veut avoir bon chien,
Il faut qu'il le nourisse bien.

Qui veut avoir bon serf ou chien,
Il faut qu'il les gouverne bien.

Qui veut noyer son chien l'accuse de la rage.

3

Qu'un ange n'entre point dans un lieu où il y a un chien.

Rompre les chiens.

S'accorder comme chien et chat.

S'aimer comme chien et loup.

Se jeter dessus comme herbaut sur pauvres gens.

S'en aller à nid de chien.

Semblables à des chiens, ils ne se taisaient que lorsqu'ils avaient le ventre plein.

Se regarder en chiens de faïence.

Si je perdais mes chiens je perdrais mon honneur !

.... Si veult retraire
La bonté du lévrier Macaire,
Qui se combati pour son maistre ;
I tel lévrier doit en paistre
Et le garder à grand délect.

Si vous n'avez pas d'autre sifflet, votre chien est perdu.

Soupe de lévriers.

Tel huchie le chien ès brebis qui ne le peut retraire.

Tel loup, tel chien.

Tel maître tel chien.

Terez (frapper) les chiens, les femmes viennent.

Tu poursuis un chien mort

Tu viendras à Jérusalem, et aucun chien n'aboiera contre toi.

Un chien mort ne mord plus.

Un chien regarde bien un évêque.

Un os à deux mastins ensemble, encore qu'il soit gros, est trop peu.

Voleur comme un chien.

Tout est chien, qui finit bien.

« COUNTESS PRIM », Setter Anglais, à M. E. ROUSSEL, Roubaix.
« ROLAND II », Dogue Allemand, à M. J. GOUTÉ, Nantes.
« CENTAUR II », Saint-Bernard, à M. C. NORRIS-ELYE, Londres.

Expressions techniques appliquées aux Chiens.

Aboi . . . . Se dit d'un chien qui crie après une bête dans son fort sans oser l'approcher.

Aboyeur. . . . . . . Chien qui aboie à la vue du sanglier sans l'approcher.

Alongé . . . . Se dit d'un chien qui, par un effort, s'est allongé le nerf de la cuisse.

Ameuter. . . . . . . Réunir les chiens en corps de meute.

Apple-headed . . . . Une tête ronde, formée par la rotondité du sommet du crâne. (Voir l'exemple.)

Appuyer . . . . . . C'est encourager les chiens à l'aide de la voix ou de la trompe.

Attaquer. . . . . . . Action de découpler les chiens sur la voie et de lancer la bête.

Au-coute. . . . . . . Terme qu'on emploie pour attirer l'attention des chiens et les appuyer.

Au retour . . . . . . Cri de chasse pour indiquer aux chiens que la bête opère un retour sur elle-même.

Babbler . . . . Chien qui fait entendre sa voix, pendant un travail qui exige le silence.

Balancer. . . . . . . Les chiens balancent quand ils chassent par à-coups.

Bawsint . . . . Une apparence favorable.

Beefy . . . . Croupe trop en chair et trop lourde. (Voir l'exemple.)

Belton . . . . Blue-Belton, une couleur, nuance noire des Laverack Setters.

Billebauder . . . . . Se dit des chiens qui chassent mal et rabattent leurs voies.

Blaze. . . . . Une raie blanche remontant la tête, par exemple chez le Berger Ecossais, le St-Bernard, etc.

Blood. . . . . Un chien de race pur sang.

Bout de voie. . . . . Les chiens sont à bout de voie quand ils la perdent et cessent de crier.

Boxer . . . . . . Un chien batailleur.

Brachet . . . . . . Petit braque.

Brailler . . . . . . Se dit d'un chien qui crie à tort et à travers.

Braquet . . . . . . Petit braque.

Bricoler . . . . . . Se dit d'un chien qui s'écarte de la voie.

Briquet . . . . . . Petit braque.

Brisket . . . . . . La partie antérieure de la poitrine.

Broodbitch . . . . . Chienne bonne pour l'élevage.

Broody . . . . . . Chienne qui est pleine.

Broken up . . . . . Nez retroussé, par exemple chez le Bull-Dog. (*Voir l'exemple.*)

Brush . . . . . . Poils de la queue. Une queue bien en poil, expression employée en parlant d'une queue d'un Berger Écossais entre autres. (*Voir l'exemple.*)

Business-dog . . . . Chien bon pour son travail et expression populacière pour chien batailleur.

Butterfly-nose . . . . Un nez tacheté.

Button-ear . . . . . Une oreille qui retombe en avant, cachant entièrement l'intérieur. (*Voir l'exemple.*)

Cat-foot . . . . . . Un pied rond et court avec de forts osselets. (*Voir l'exemple.*)

Character . . . . . Un chien chez lequel on voit bien les points caractéristiques de sa race.

Chasser de gueule . . C'est laisser aboyer un limier dont le mutisme est la qualité la plus essentielle.

Chenil . . . . . . Demeure des chiens.

Chop . . . . Lèvres pendantes chez le Bull-Dog. (*Voir l'exemple.*)

China-eye . . . . . Œil vairon.

Clabaud . . . . . . Chien qui crie mal à propos.

Clef de meute . . . . Chiens les plus sûrs de l'équipage.

Cloddy . . . . . . Robuste et bien bâti.

Cobby . . . . . . Côtes bien ramassées, de conformation compacte comme un cob ou double-poney.

Coiffer . . . . . . Se dit d'un chien qui saisit un animal par les oreilles et l'arrête de force.

Coiffer . . . . . . Un chien qui a de longues oreilles est réputé bien coiffé.

Combe-fringe . . . . Poils qui pendent de la queue d'un Setter. (*Voir l'exemple.*)

Condition . . . . . Bonne santé, vivacité, la robe luisante.

Couper . . . . . . Se dit d'un chien qui quitte la voie pour la reprendre devant les autres chiens et gagner la tête.

Coupling . . . . . Longueur entre l'omoplate et les hanches, donne la proportion d'un chien.

Cow-hocks . . . . . Les jarrets des jambes de derrière tournés en dedans, et très rapprochés l'un de l'autre, au lieu d'être droit dessous le corps du chien. (*Voir l'exemple.*)

Créance . . . . . . Se dit des chiens dans lesquels on a confiance. C'est un chien de bonne créance.

Crest	La saillie supérieure du cou. Expression appliquée aux chiens de chasse.
Crier	Un chien courant n'aboie pas, il crie.
Crook-tail	Queue croquée chez les Bull-Dogs. (*Voir l'exemple.*)
Culotte	Poil allongé sur la limite postérieure des cuisses.
Curée	Chaude, repas composé de quelques parties de la bête, que l'on fait faire aux chiens sur le terrain. La curée froide a lieu au chenil.
Cushion	Epaisse babine (lèvre supérieure) chez les Bull-Dogs. (*Voir l'exemple.*)
Dam	La mère du chien.
Danser	Lorsque les chiens voltigent à droite et à gauche de la voie, au lieu d'y rester collés, on dit qu'ils dansent.
Découpler	Action d'enlever les couples aux chiens.
Découpler raide . . .	En vénerie, c'est faire donner un relais en avant de la meute, sans attendre son passage, conformément aux règles prescrites.
Décousures	Blessures faites aux chiens par les sangliers.
Dedans	Faire les dedans quand les chiens quêtent dans l'intérieur d'un cercle sans aller en avant ni en arrière.
Dedans	On dit des chiens qu'ils sont bien dedans, quand ils restent dans la voie.
Défaut	Les chiens sont en défaut quand ils sont à bout de voie, c'est-à-dire lorsqu'ils ont perdu la piste de l'animal qu'ils chassent.
Déharder	C'est détacher les chiens de la harde, sans pour cela leur enlever les couples qui les retiennent unis deux à deux.
Déméler la voie . . .	Quand les chiens distinguent la bonne voie de la mauvaise.
Dentée	Blessure produite par un coup de dent. Les chiens ne se font pas entre eux des morsures, mais bien des dentées.
Déployer le trait . . .	C'est lâcher un peu plus de corde au limier.
Dérober la voie . . .	Se dit d'un chien qui suit un animal sans crier.
Déssolé	Le chien qui, à force de chasser sur un terrain rocailleux, s'est enlevé la peau de dessous des pieds, est un chien dessolé.
Détourner	C'est s'assurer, en faisant le tour d'une enceinte à l'aide d'un limier, que l'animal dont on a reconnu l'entrée n'en est pas sorti.
Devants	Prendre les devants, c'est faire quêter les chiens en avant du point où le défaut a eu lieu.
Dew-lap	Les plis de peau qui se trouvent sous le cou, par exemple chez les Bloodhounds. (*Voir l'exemple.*)
Dew-claws	Doigts superflus, trouvés quelquefois sur les jambes de derrière de certaines races. Ils se voient le plus souvent chez les St-Bernards. (*Voir l'exemple.*)
Dish-faced	Le nez plus haut au bout qu'à la naissance. Se voit quelquefois chez les Pointers. (*Voir l'exemple.*)

Distemper . . . . . Maladie des chiens.

Dome-shaped . . . . Conformation ronde et élevée du crâne. (*Voir l'exemple.*)

Donner aux chiens . . Faire chasser un animal par les chiens.

Dresser la voie. . . . C'est faire lancer l'animal par quelques chiens seulement, afin de l'indiquer à la meute.

Dudley-nose . . . . Nez couleur chair, expression employée quelquefois pour un nez tacheté.

Ebat . . . . Promenade qu'on fait faire aux chiens qui ne chassent pas, pour entretenir leur santé.

Echauffer . . . . . Les chiens s'échauffent sur la voie quand ils la suivent avec ardeur.

Effilé. . . . . . . Se dit d'un chien qui a travaillé trop jeune.

Emporter la voie . . . Se dit d'un chien qui suit sans difficulté.

Endurance . . . . . Expression employée pour un chien de chasse qui ne se fatigue pas au travail.

Engravé. . . . . . Chien dont les pieds sont écorchés.

Elbows-out . . . . . Coudes tournés en dehors. (*Voir l'exemple.*)

Enlever les chiens . . . Les arrêter pour les enlever de la mauvaise voie et les ramener dans la bonne.

Everrer . . . . . . C'est enlever le petit nerf que le chien a sous la langue. (Usage réformé.)

Face . . . . La partie de la tête devant les yeux. (*Voir l'exemple.*)

Faking . . . . . . L'action de teindre, de tondre, d'éplucher, d'arracher les poils du chien, dans le but d'en cacher les défauts aux juges ou au public, avec l'intention de tromper.

Fall . . . . Poil tombant au-dessus des yeux, par exemple chez les Yorkshire-Terriers.

Feather . . . . . . Les longs poils à la partie postérieure des jambes de devant et de derrière de certaines races. (*Voir l'exemple.*)

Felted . . . . . . Enchevêtré, en parlant des poils.

Feu . . . . Couleur brun acajou.

Fiddle-headed . . . . Une tête de loup longue et décharnée.

Filbert-shaped ear. . . Oreille étroite à l'attache, large au milieu et se terminant étroitement.

Fixed. . . . . . . Expression employée quand un juge est étonné de voir un chien qui a une particularité étonnante d'un certain point de sa race.

Flag . . . . Une queue à poil long, expression appliquée aux Setters et aux Terre-Neuves. (*Voir l'exemple.*)

Flair . . . . Odorat du chien.

Flesh-coloured nose . . Nez couleur chair.

Forcer . . . . . . C'est prendre un animal à force de chiens.

Forhu . . . . . . Ton que l'on sonne pour faire revenir les chiens à soi.

Forhu . . . . . . Intestins que l'on porte au bout d'une fourche après la curée pour exciter les chiens.

Forlonger . . . . . Prendre une grande avance sur les chiens.

Fouet. . . . . . . Queue des chiens de chasse.

Frapper aux brisées . .	C'est découpler les chiens à l'endroit même des brisées, pour attaquer l'animal rembûché
Frill	Jabot, de longs poils sur la poitrine chez le Berger Ecossais. (*Voir l'exemple.*)
Frog-faced	Expression employée chez les Bull-Dogs quand la mâchoire supérieure n'est pas suffisamment courte et que la mâchoire inférieure ne dépasse pas assez. (*Voir l'exemple.*)
Froggy	Voir « frog-faced ». (*Voir l'exemple.*)
Gigotté	Se dit d'un chien qui a la cuisse ronde et bien attachée.
Gladiatorial type . .	Un chien qui peut se défendre soi-même et ce qui est donné à sa garde, comme le Bob-tail.
Glapissement	Cris des petits chiens.
Gorge	Bien gorgé, se dit d'un chien qui a une voix très forte.
Groggy	En mauvaise condition.
Gueule	Le chien a une gueule et non une bouche. On dit : Ce chien est chaud de gueule.
Harder	C'est coupler plusieurs chiens ensemble.
Hare-foot	Un pied long, forme de lièvre. (*Voir l'exemple.*)
Harloup.	Terme d'encouragement pour exciter les chiens courants à poursuivre le loup.
Harpailler	Se dit des chiens qui chassent des biches.
Haw	La muqueuse oculaire de la paupière inférieure chez les Bloodhounds, St-Bernards et Otterhounds.
Hérigoté	Se dit d'un chien marqué aux jambes de derrière.
Hollow-back	Dos enseIlé. (*Voir l'exemple.*)
Houret	Sobriquet donné à tout mauvais chien de chasse.
Hucklebones . . .	La pointe de l'articulation de la hanche. (*Voir l'exemple.*)
Il bat l'eau	Cri aux chiens, quand la bête donne à l'eau.
Inbreeding	Elevage entre sujets consanguins.
Kennel	Demeure des chiens.
Kennel-man.	Celui qui soigne les chiens.
Kissing-spots	Taches sur les joues chez quelques races. (Black and Tan Terriers, etc.)
Lady-pack	Meute de chiennes.
Laisser courre. . . .	Chasser aux chiens courants, à forcer. C'est aussi l'action de découpler les chiens.
Lap-dog	Chien de dame.
Lay-back	La forme de la partie de la tête devant les yeux chez les Bull-Dogs quand la mâchoire inférieure est proéminente et le nez bien retroussé. (*Voir l'exemple.*)
Leather	La peau et la chair de l'oreille en opposition avec la partie poilue.
Leggy	Haut sur les pattes.
Lengthy. . . . . : .	Longueur du corps chez quelques races.
Level	Expression appliquée dans le cas où les dents s'adaptent parfaitement. (*Voir l'exemple.*)
Levretté	Un ventre retroussé comme chez le Lévrier.

Lippiness . . . . . Lèvres pendantes. (*Voir l'exemple.*)

Lippy . . . . . . Lèvres pendantes quand c'est un défaut, par exemple chez les Bull-Terriers.

Litter brothers or sisters Chiens et chiennes de la même nichée.

Mane. . . . . . . Voir « frill ». (*Voir l'exemple.*)

Markings . . . . . Taches prescrites pour certaines races (St-Bernards, etc.)

Massiviness. . . . . Expression employée pour la solidité de charpente chez les Terre-Neuves et St-Bernards.

Menteur. . . . . . Se dit d'un chien courant qui crie à faux.

Meute . . . . . . Réunion de plusieurs chiens courants.

Mouée . . . . . . Soupe des chiens.

Muet . . . . Se dit d'un chien courant qui chasse sans donner de voix.

Nez . . . . On dit d'un chien courant qu'il est de haut-nez, lorsqu'il chasse également bien par la chaleur et la sécheresse.

Nose. . . . . . . Nez, dans le sens d'un bon nez pour chiens de chasse.

Old man. . . . . . Chien qui devient vieux.

Overshot . . . . . Quand la mâchoire supérieure dépasse la mâchoire inférieure et que les dents ne s'adaptent pas, ce qui arrive souvent chez les Bergers Ecossais. (*Voir l'exemple.*)

Own brothers or sisters . Chiens et chiennes de mêmes parents; mais pas de la même nichée.

Pace . . . . Allure, expression employée quand un chien de chasse galope de la bonne façon, en prenant beaucoup de terrain, et a une quête soignée.

Parler . . . . . . On dit parler aux chiens.

Peaked . . . . . . Forme de l'os occipital chez les Bloodhounds. (*Voir l'exemple.*)

Pedigree. . . . . . Généalogie des chiens.

Pencilled-toes . . . Les taches noires sur le feu des pieds chez les Black and Tan Terriers.

Pigeon-toe . . . . Doigt du pied tourné en dedans.

Pig-eye . . . . . . Yeux petits et enfoncés profondément dans la tête.

Pig-jaw . . . . . . Voir « overshot ». (*Voir l'exemple.*)

Pily-coat. . . . . . Un mélange de poil dur et doux.

Pincer-jaw . . . . . Mâchoires dont les dents s'adaptent parfaitement.

Pinwire . . . . . . Description du poil dur chez quelques Terriers.

Piqueur . . . . . . Nom du veneur qui appuie les chiens et dirige la chasse.

Portière. . . . . . Lice portière. Chienne dont on tire des élèves.

Prick-ear . . . . . Oreille droite. (*Voir l'exemple.*)

Punishing jaw . . . . Une mâchoire longue et forte, bien remplie sous les yeux, et pas trop pointue vers le nez.

Quête. . . . . . . Chien qui cherche le gibier et la voie d'animal.

Raccourcir . . . . Blesser un animal.

Raccourcir . . . . . C'est enlever les chiens et les conduire en droite ligne sur l'animal dont on a connaissance, au lieu de suivre la voie.

Raccoupler . . . . . C'est remettre les chiens en laisse ou couple.

Racy . . . . Expression s'appliquant à un chien bâti pour la course.

Rallier . . . . . . C'est enlever les chiens d'une mauvaise voie, pour les remettre dans la bonne. Les bons chiens rallient d'eux-mêmes.

Rameuter . . . . . C'est l'action d'arrêter les chiens qui vont trop vite, et de les forcer d'attendre le reste de la meute.

Reachy . . . . . . Un chien long. par exemple un Dachshund.

Réclamer . . . . . les chiens. C'est sonner la retraite.

Relais . . . . . . Hardes de chiens placées dans différents endroits du bois, et découplées sur le passage de l'animal.

Rencontrer . . . . . Se dit du chien d'arrêt et du chien courant qui rencontrent la voie suivie par le gibier.

Requérant . . . . . Se dit d'un chien qui requête de lui-même.

Requête . . . . . . Nouvelle quête, à laquelle on a recours dans un défaut.

Retraite . . . . . . Manquée ou prise. Fanfare que l'on sonne à la fin de la chasse pour rallier les chiens.

Ring-tail. . . . . . Une queue en trompette. (*Voir l'exemple.*)

Roach-back . . . . . Dos courbé, un dos qui est plus haut à la croupe qu'au garrot, comme chez les Bull-Dogs.

Roll . . . . Démarche lourde et balançante chez les Bull-Dogs.

Rompre les chiens . . . C'est les arrêter et leur faire quitter la voie, pour une cause ou pour une autre.

Rose-ear . . . . . . Oreilles dont les pointes tombent en avant ou en arrière, de manière à faire voir l'intérieur de l'oreille. (*Voir l'exemple.*)

Routailler . . . . . C'est faire chasser par un chien tenu à la laisse (au trait), un loup ou un sanglier.

Roux-vieux . . . . . Maladie de peau des chiens.

Sabre curve tail . . . Une queue portée comme un sabre courbé. (*Voir l'exemple.*)

Saccade . . . . . . Pour empêcher un limier de se rabattre sur une mauvaise voie, on lui donne une saccade en retirant brusquement le trait.

Saddle-back. . . . . Dos ensellé. (*Voir l'exemple.*)

Scimitar-shaped . . . Une queue portée comme un sabre courbé. (*Voir l'exemple.*)

Screw-tail . . . . Queue croquée chez les Bull-Dogs. (*Voir l'exemple.*)

Sedge. . . . . . . Couleur brun-jaune.

Sentiment . . . . . Odeur dont le nez du chien est frappé (odorat).

Septum . . . . . . Rainure entre les sourcils.

Shelly . . . . . . Anguleux.

Show-condition. . . . Bonne santé, vivacité, la robe luisante.

Sire . . . . Le père du chien.

Six chiens . . . . . Dans les grands équipages, le dernier relais est censé toujours composé de six chiens, bien qu'il le soit toujours d'un plus grand nombre.

Skully . . . . . . Crâne trop rond. (*Voir l'exemple.*)

Slab-side. . . . . . Côtes plates.

Slut . . . . Chienne ou chien de dames.

Smudge-nose . . . . Un nez dont le milieu est d'une couleur plus claire, par suite de frottement contre un objet dur, ou de fouilles dans la terre.

Snap-dog . . . . . Whippet.

Snipey . . . . . . Museau pointu comme chez le renard.

Sorty . . . . Un chien chez lequel on voit bien les points caractéristiques de sa race.

Souffler . . . . . . au poil, se dit d'un chien qui rapproche l'animal à le toucher.

Splay-foot . . . . . Un pied plat avec les doigts séparés. (*Voir l'exemple*.)

Spoon-foot . . . . . Un pied long, forme de lièvre. (*Voir l'exemple*.)

Spot . . . . Taches de feu, par exemple chez les Black and Tan Terriers, Blenheim Spaniels, etc.

Staunchness . . . . Résolution, et un désir insurmontable de faire son ouvrage sous des difficultés, joint à l'intelligence de résister aux distractions qui pourraient lui faire oublier ses devoirs.

Stern . . . . Queue d'un chien de chasse.

Stifle . . . . Os coxal. (*Voir l'exemple*.)

Sting-tail . . . . . Queue se terminant en pointe comme chez les Pointers.

Stocky . . . . . . Expression employée pour une chienne à laquelle on voit les qualités d'une bonne mère nourricière.

Stop . . . . La cassure du nez. (*Voir l'exemple*.)

Sur-aller . . . . . Se dit de tout chien, limier ou autre, qui rencontre une voie, sans en donner connaissance.

Swine-mouth . . . . Voir « overshot ». (*Voir l'exemple*.)

Tan . . . . Couleur feu.

Throatiness . . . . Fanon, la peau du cou trop pendante quand cela ne doit pas être, par exemple chez les Pointers.

Thumb-marks . . . . Les taches noires sur le feu des pieds, chez les Black and Tan Terriers.

Tight-lipped . . . . Lèvres minces et non pendantes.

Tongue . . . . . . L'aboiement du chien.

Top-knot . . . . . Toupet, chez les Irish Water Spaniels.

Tout-coi . . . . . . Commandement prononcé à demi-voix, pour forcer le limier à se taire.

Trait . . . . Corde attachée au collier du limier.

Troler . . . . . . Un chien qui quête au hasard.

Truffe . . . . . . Bout du nez.

Tulip-ear . . . . . Oreille droite, ou avec la pointe tombante. (*Voir l'exemple*.)

Under-shot . . . . Quand la mâchoire inférieure est plus longue que la mâchoire supérieure, comme chez les Bull-Dogs. (*Voir l'exemple*.)

Unfurnished . . . . Expression employée pour un jeune chien qui est mal développé.

Valet de chiens. . . . Celui qui soigne les chiens et conduit les relais.

Vider . . . . Les chiens qui font leurs ordures se vident.

Vieille meute	Corps de meute à l'aide duquel on lance l'animal de chasse.
Volcelest.	Cri particulier que lance les chasseurs aux chiens, quand ils aperçoivent l'animal.
Wall-eye	Œil vairon.
Wastrel	Un petit chien faible et mal développé.
Weedy	Expression employée pour un chien qui est haut sur les pattes, plat de reins, en mauvaise condition et mal développé.
Wheel-back.	Dos courbé, un dos qui est plus haut à la croupe qu'au garrot, comme chez les Bull-Dogs.
Wingy	Un chien d'une ossature trop légère.
Zwinger.	Demeure des chiens.

« CHAMPION THE WITCH », Caniche à M. R. V. O. Graves, Londres.
« BONO », Chien Saint-Hubert, à M. E. Brough, Londres.
« CHATTOX », Fox-Terrier au Rev. C. T. Fisher, Londres.
(Gravure extraite du *Dog Owner's Annual.*)

(Gravure extraite du Journal *Chasse et Pêche*.)

A. La face.
B. Le crâne.
C. L'oreille.
1. L'œil.
2. La base de l'oreille.
3. Le bord de l'oreille.
4. La pointe de l'oreille.
5. La joue.
6. La commissure des lèvres.
7. Les lèvres ou babines.
8. Le bout du nez (truffe).
9. Le nez ou chanfrein.
10. La cassure du nez (stop).
11. Le front.
12. La crête occipitale.
13. La nuque.
14. Le bord supérieur du cou.
15. Le garrot.
16. Le dos.
17. Le rein.
18. La croupe.
19. La hanche.
20. L'articulation de la cuisse.
21. La fesse.

D. Le cou.
E. K. Le membre antérieur ou thoracique.
F. La poitrine.
22. L'angle ou la pointe de la fesse.
23. L'anus.
24. La base de la queue.
25. La cuisse.
26. La rotule ou le grasset.
27. La jambe.
28. Le jarret.
29. Le pli du jarret.
30. La pointe du jarret.
31. Le tendon d'Achille (corde du jarret).
32. Le canon postérieur ou le métatarse.
33. La plante du pied, où le coussinet plantaire, sole.
34. Les ongles.
35. Le boulet (articulation métacarpo-phalangienne pour le membre antérieur; articulation métatarso-phalangienne pour le membre postérieur).

G. L'abdomen.
H. L. Le membre postérieur ou abdominal.
I. La queue ou le fouet.
36. Les doigts.
37. Le fourreau enveloppant le pénis.
38. Le ventre.
39. L'hypocondre.
40. Le flanc.
41. Les côtes ou la paroi costale.
42. Le dessous de la poitrine.
43. Le poitrail.
44. La pointe du sternum.
45. La trachée ou le gosier.
46. La gorge et le fanon.
47. L'épaule.
48. La pointe de l'épaule (articulation scapulo-humérale).
49. Le bras.
50. Le coude.
51. L'avant-bras.
52. Le poignet ou le carpe.
53. Le métacarpe ou canon antérieur.
54. Le coussinet.

(Gravure extraite du Journal *L'Éleveur*.)

0. Ouverture de l'oreille.
1. Orbiculaire des lèvres.
2. Sous maxillo-labial.
3. Sus-maxillo-labial.
4. Orbiculaire des paupières.
5. Temporal ou crotaphite.
6. Masséter.
7. Sterno-maxillaire.
8. Mastoïdo-huméral.
9. Portion deltoïdienne du précédent.
10. Portion postérieure ou profonde du même.
11. Releveur propre de l'épaule.
12. Trapèze cervical.
13. Trapèze dorsal.
14. Sus-épineux et angulaire de l'omoplate.
15. Splénius.
16. Long adducteur du bras.
17. Gros extenseur de l'avant-bras.
18. Court extenseur de l'avant-bras.
19. Court fléchisseur de l'avant-bras.

20. Long fléchisseur de l'avant-bras.
21. Long suppinateur.
22. Extenseur antérieur du métacarpe.
23. Extenseur commun des doigts.
25. Extenseur propre de trois doigts externes.
26. Extenseur oblique du métacarpe.
27. Extenseur propre du pouce et de l'index.
28. Fléchisseur externe du métacarpe.
29. Fléchisseurs interne du métacarpe.
30. Carré pronateur.
31. Muscles fléchisseurs du pied.
32. Grand dorsal.
33. Grand dentelé.
34. Transversal des côtes.
35. Muscles intercostaux.
36. Grand pectoral.
37. Petit oblique de l'abdomen.
38. Grand oblique de l'abdomen.

39. Fessier superficiel.
40. Fessier moyen.
41. Fessier profond.
42. Fascia lata.
43. Friceps crural.
44. Long vaste.
45. Demi-tondineux.
46. Extenseur antérieur des phalanges.
47. Extenseur latéral des phalanges.
48. Jumeaux de la jambe.
49. Fléchisseur du métatarse.
50. Perforant ou fléchisseur profond des phalanges.
51. Ischio-coxigien.
52. Muscles releveurs de la queue.
53. Muscles coxigiens latéraux.
54. Muscles abaisseurs de la queue.
55. Veines jugulaire.
56. Veine maxillaire.
57. Tronc temporal.
58. Veine brachiale.
59. Veine tibiale.

(Gravure extraite du Journal *L'Éleveur.*)

0. Sinus frontal.
1. Cerveau.
2. Cervelet.
3. Moelle épinière.
4. Plexus brachial. Origine des nerfs des membres antérieurs.
5. Plexus lombaire. Origine des nerfs des membres postérieurs.
6. Cavité nasale, cornets olfactifs.
7. Narines.
8. Pharynx ou arrière bouche.
9. Epiglotte.
10. Larynx.
11. Trachée.
12. Bronche gauche et ses rameaux bronchiques.
13. Poumon droit.
14. Ouverture extérieure de la bouche.

15. Langue.
16. Œsophage.
17. Estomac.
18 et 19. Mésentière ou membrane de soutien de l'intestin.
20. Rectum.
21. Foie.
22. Le rein gauche.
23. La vessie.
24. L'uretère gauche.
25. L'urèthre.
26. Méat urinaire.
27. Le testicule gauche avec son artère nourricière en avant et son canal spermatique en arrière.
28. Diaphragme, cloison séparant les cavités thoraciques et abdominales.
29. Ventricules du cœur.

30. Origine de l'artère pulmonaire dans le ventricule droit ou antérieur.
31. Oreillette gauche.
32. Aorte antérieure, origine des artères carotides et brachiales.
33. Aorte postérieure, origine des artères de l'abdomen, du bassin et des membres postérieurs.
34. L'artère iliaque externe.
35. L'artère fémorale.
36-38. Les artères tibiales.
39. L'artère plantaire.
40. L'artère carotide.
41. L'artère humérale ou tronc brachial.
42. L'artère radiale.
43. L'artère métacarpienne.

(Gravure extraite du journal *Chasse et Pêche*.)

1. Le sus-naseaux.	11. Les vertèbres lombaires.	21. Le fémur.
2. La mâchoire supérieure.	12. Le coxal ou bassin.	22. Le péroné.
3. L'orbite.	13. Les vertèbres coccygiennes.	23. Le tibia.
4. Le front.	14. La mâchoire inférieure.	24. La rotule.
5. La crête occipitale.	15. L'humérus.	25. L'os du talon ou calcanium.
6. La nuque.	16. Le cubitus.	26. Le tarse.
7. Les vertèbres cervicales.	17. Le radius.	27. Le métatarse.
8. Le scapulum.	18. Le carpe.	28. Le sternum.
9. Les vertèbres dorsales.	19. Le métacarpe.	29. La pointe du sternum.
10. Les côtes.	20. Les phalanges.	

Crâne d'un chien adulte

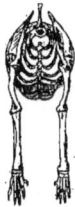

Cage thoracique

Crâne d'un chien adulte

Undershot.
Broken up.
Chop.
Flews.
Lay-back.
Stop.

Apple-head.
Skully.
Stop.

Froggy.
Frog-faced.

Dish-face.
Face.

Overschot.
Pig-jaw.
Swine-mouth.
Snipey.

Peaked.
Dome-shaped.
Lippiness.

Button-ear.

Rose-ear.

Tulip-ear.
Prick-ear.

Saddle-back.
Hollow-back.
Dew-lap.

Ring-tail.

Frill.
Mane.

Crook-tail.
Beefy.

Squelettes du pied.

Mauvaises conformations des jambes et des pieds.

Out of elbows.

Pigeon-toe.

Pigeon-toe.

Cow-hocks.

Mauvaises conformations des jambes et des pieds.

Bonnes et mauvaises conformations du dos chez quelques races.

Bonnes et mauvaises conformations des épaules.

Bonnes et mauvaises conformations des épaules et des pattes chez le Basset Allemand.

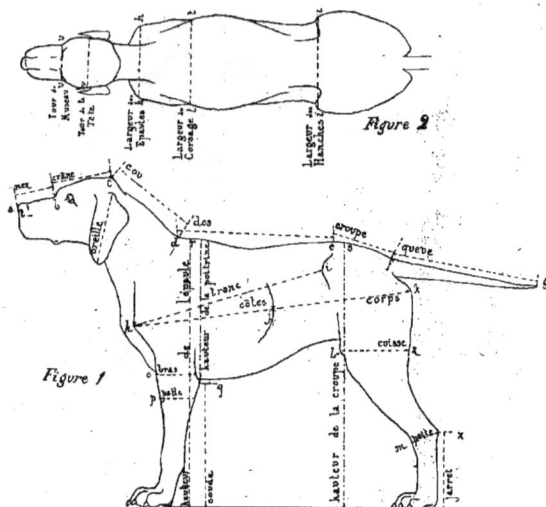

(Gravure extraite du Journal *L'Acclimatation*.)

MENSURATION DES CHIENS.

Mesures de longueur à prendre avec un mètre rigide (V. fig. 1).

NEZ. — Depuis l'extrémité jusqu'à la cassure, de *a* à *b*.
CRANE. — De la cassure à l'occiput, de *b* à *c*.
Les deux mesures réunies doivent donner la longueur totale de la tête.
COU. — De l'occiput à la première vertèbre dorsale, de *c* à *d*.
DOS. — De la première vertèbre dorsale à la première vertèbre sacrée, de *d* à *e*.
CROUPE. — De la première vertèbre sacrée à l'attache de la queue (première vertèbre coccygienne), de *e* à *f*.
QUEUE.—De son attache *f* à l'extrémité *g* (non compris les poils).
Les mesures de *a* à *g* additionnées donneront la longueur totale du dessus du corps.
OREILLE. — Sa longueur prise de son attache au crâne à l'extrémité libre.
TRONC.—De la pointe de l'épaule *h* à l'os de la hanche *i*.
CÔTES.—De la pointe de l'épaule *h* à la dernière côte *j*.
CORPS. — De la pointe de l'épaule *h* à la pointe de la fesse *k*.

Mesures de hauteur à prendre à la toise (Voir fig. 1).

ÉPAULE. — Du sol au dessus de l'épaule.

COUDE. — Du sol au dessus du coude *q*.
CROUPE. — Du sol au point le plus haut du sacrum *s*.
JARRET. — Du sol au milieu du jarret *t*.

Mesures d'épaisseur à prendre au compas d'épaisseur. (V. fig. 2.)

HAUTEUR DE LA POITRINE. — Du sternum au dessus du dos
LARGEUR DES ÉPAULES. — Prise en dehors de l'articulation de l'omoplate et de l'humérus, de *h* à *h* (Fig. 2).
LARGEUR DU CORSAGE. — Mesurée en arrière des épaules, de *t* à *t*.
LARGEUR DES HANCHES. — Mesurée d'une hanche à l'autre, de *i* à *i*.

Mesures de circonférence à prendre au mètre souple en étoffe.

TOUR DU MUSEAU. — A la cassure de la base du nez *n* (Fig. 2).
TOUR DE LA TÊTE. — En avant des oreilles *v* (Fig. 2).
TOUR DU BRAS. — Au dessus du coude (ligne *o*, Fig. 1).
TOUR DE LA PATTE ANTÉRIEURE. — En dessous du coude (ligne *p*, Fig. 1).
TOUR DE LA CUISSE. — De la tête du fémur, le tour pris horizontalement (point *l*, Fig. 1).
TOUR DE LA PATTE POSTÉRIEURE. — Mesure prise à la hauteur du milieu du jarret (point *m*, Fig. 1).

Cat-foot. Hare-foot. Spoon-foot. Dew-claw. Ergots. Eperons. Splay-foot. Fringe.

Scimitar shaped tail. Slight-feather. Feather. Flag. Fringe.

Hare-feet. Cat-feet. Splay-feet.

Pieds de devant et de derrière d'un Lévrier, Bull-Dog et Terre-Neuve.

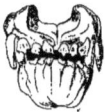
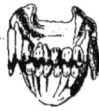
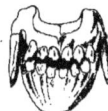

Dents de lait incisives 4 à 6 semaines. Seconde dentition 3 à 5 mois. Denture à 1 an. 2 ans.

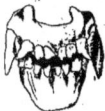
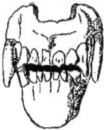

3 ans. 4 à 5 ans. 8 ans. Extrême vieillesse.

5

CERBÈRE
Gardien des enfers.

Momies Egyptiennes de chiens.

Chiens de luxe et de chasse
l'an 2100 avant J.-C., du temps de Nemrod,
le premier roi de l'empire de Babylone.

PREMIÈRE PARTIE.

Chiens de dame, de luxe, d'utilité, de berger,

d'appartement, de garde,

de maison, de défense et de trait.

chipperke.

CHIEN DE BATELIER BELGE.

Aptitudes et Apparence générale.	Excellent et fidèle petit chien de garde, ne faisant pas connaissance avec les étrangers. Remuant, agile et infatigable, continuellement occupé de ce qui se passe autour de lui, très mordant devant les objets dont la garde lui est confiée, très doux pour les enfants, connaît les usages de la maison, toujours curieux de savoir ce qui se passe derrière une porte ou un objet que l'on va déplacer, trahissant ses impressions par sa voix criarde et sa crinière hérissée, recherche la compagnie des chevaux, fait la chasse aux taupes et autres vermines, peut être utilisé à la chasse, indique les terriers habités par les lapins, traque ceux-ci et le lièvre dans les taillis.
Tête	Ressemblant à celle du renard. Front assez large diminuant vers les yeux; vu de profil il est légèrement arrondi; museau effilé pas trop allongé, cassure peu forte.
Nez	Petit.
Yeux	Brun foncé, pleins, petits, plus ovale que rond; ni rentré, ni proéminent, vifs et perçants.
Oreilles	Bien droites, petites, triangulaires, haut placées, lobes assez forts pour qu'ils ne puissent plier autrement qu'en longueur, excessivement mobiles, se rapprochant lorsqu'elles sont dressées.
Dents	S'adaptant parfaitement.
Cou	Fort, porté droit.
Epaules	Obliques et mobiles.
Poitrine	Large sur le devant,

« MIA »

appartenant à M. G. Krehl, Londres.

(Gravure extraite du Journal *The Stock-Keeper*)

large derrière les épaules et profonde; ventre assez relevé.

Dos . . . . Droit et horizontal, paraît plus haut de devant à cause de la crinière.

Reins . . . . Larges et rablés.

Pattes . . . . Parfaitement droites et bien en dessous du corps, fines d'ossature.

Pieds . . . . Petits, ronds et serrés, les ongles droits, forts et courts (non crochus).

Cuisses. . . . . . . Très larges, longues, bien musclées, les jarrets près de terre.

Corps . . . . Court et trapu.

Queue . . . . Absente.

Poil . . . . Abondant et résistant au toucher, ras sur les oreilles, court sur la tête, le devant des pattes et les jarrets, assez court sur le corps; mais allongé autour du cou à commencer du bord extérieur des oreilles, forme crinière et jabot, se prolongeant entre les pattes de devant; il est aussi allongé sur l'arrière des cuisses, où il forme une culotte dont les pointes sont dirigées en dedans.

« SPITS OF HAL »

appartenant à M. E. Richartz, La Haye.

« SPITZ »

appartenant à M. E. DE COSTER, Ruysbroeck. (Gravure extraite du Journal *Chasse et Pêche*.)

« BRAVE SPITZ »

appartenant à M. A. Vanbuggenhoudt, Bruxelles. (Gravure extraite du Journal *Chasse et Pêche*.)

« BELLA »

appartenant à M. F. E. DE MIDDELEER, Bruxelles. (Gravure extraite du Journal *Chasse et Pêche.*)

6

Couleur	Toute noire zain,
Poids	Pour les chiens de petite taille, de 3 1/2 à 5 1/2 kilo-grammes, et pour les grands, de 5 1/2 à 9 kilogrammes.
Origine.	Belge.
Défauts	Yeux clairs, oreilles demi-droites, trop longues ou arrondies, tête étroite et allongée, ou trop courte, poil peu fourni, ondulé ou soyeux, absence de crinière et de culotte, poils trop longs, poils blancs de naissance ou mâchoires inégales.

« CHAMPION SHTOOTS »

appartenant à M. J. N. Woodwiss, Londres. (Gravure extraite du journal *The Stock-Keeper*.)

ÉCHELLE DES POINTS (1).

Tête, nez, yeux, dents 20
Oreilles 10
Cou, épaules, poitrine 10
Dos, reins. 5
Pattes de devant 5
Pattes de derrière . . . . : . 5
Pieds 5
Poil. 20
Couleur 20
TOTAL. . . 100

Schipperkes Club (BELGE).

Président d'honneur : COMTE DE BEAUFFORT. . . . Bruxelles.
Président : F. E. DE MIDDELEER. . . . . . . Bruxelles.
Secrétaire : A. VANBUGGENHOUDT, 42, rue d'Isabelle, Bruxelles.
Cotisation : 10 Francs.

Saint-Hubert Schipperke Club (ANGLAIS).

Président : G. R. KREHL . . . . Londres.
Secrétaire : Dr E. FREEMAN, 9, Windermere Villas, Londres S. W.
Cotisation : £. 1. 1 sh.

Schipperke Club (ANGLAIS).

Président : J. N. WOODIWISS. . . . . Duffield.
Secrétaire : BENDLE W. MOORE, 45, Crompton Street, Derby.
Cotisation : £. 1. 1 sh.

---

(1) *Note de l'auteur.* — Ces points n'ont pas été adoptés officiellement par le Club Belge.

Griffon Bruxellois.

Apparence générale	Un petit chien de dame, intelligent, vif, robuste, de formes ramassées, rappelant celles du *cob*, captivant l'attention par une expression quasi humaine.
Tête	Arrondie, garnie de poil dur ébouriffé, un peu allongé autour des yeux, sur le nez, les lèvres et les joues.
Oreilles	Droites, toujours coupées en pointes.
Yeux	Très grands sans être humides, ronds, presque noirs, cils longs et noirs, paupières souvent bordées de noir, sourcils fournis de poils laissant à découvert les yeux autour desquels ils rayonnent.
Nez	Toujours noir, assez court, entouré de poils convergents allant se rencontrer avec ceux qui forment le tour des yeux ; cassure bien prononcée, mais pas exagérée.
Lèvres	Bordées de noir, garnies de moustaches ; un peu de noir dans les moustaches n'est pas un défaut.
Menton	Proéminent, sans montrer les dents, garni d'une barbiche.
Poitrine	Assez large.

« MARQUIS DE CARABAS »
appartenant
à Mme la Comtesse H. DE BYLANDT, Bruxelles.

« MONKEY » et « ROGUE »

(Gravure extraite du Journal *The Illustrated Sporting News.*)

« BIBI » et « COQUETTE »

appartenant à M. J. DELVAUX, et à Mme J. BODINUS, Bruxelles. (Gravure extraite du Journal *Chasse et Pêche*.)

« MARQUIS »   « LACK »
appartenant à M. J. Van Cauter, Bruxelles. (Gravure extraite du Journal *Chasse et Pêche*.)

Pattes	Aussi droites que possible, de longueur moyenne.
Queue	Relevée, elle est coupée aux deux tiers.
Poil	Dur, rude et revêche, assez long et fourni.
Couleur	Rousse.
Poids	Pour les chiens de petite taille 2 1/2 kilogrammes maximum, et pour les grands 4 1/2 kilogrammes.
Origine	Création belge.
Défauts	Nez brun, yeux pâles, huppe soyeuse sur la tête, tache blanche sur la poitrine ou sur les pattes.

ÉCHELLE DES POINTS.

Poil dur	15
Couleur rousse	10
Yeux	7
Nez et museau	7
Oreilles	3
Pattes et corps	5
Taille	3
TOTAL. . .	50

Club du Griffon Bruxellois.

Président d'honneur : COMTE DE BEAUFFORT. . . . Bruxelles.
Président : F. E. DE MIDDELEER. . . . . . Bruxelles.
Secrétaire : A. VANBUGGENHOUDT, 42, rue d'Isabelle, Bruxelles.
Cotisation : 10 Francs.

hien de Berger belge.

Aspect général . . . . . Dénote l'animal intelligent, rustique, habitué à la vie en plein air, bâti pour résister aux intempéries des saisons et aux vicissitudes atmosphériques si sensibles du climat belge.

A ses aptitudes innées de gardien des troupeaux, il joint les précieuses qualités du meilleur chien de garde pour les propriétés; au besoin, il est, sans nulle hésitation, l'opiniâtre et ardent défenseur de son maître.

Le Chien de berger belge est vigilant, attentif; sans cesse en mouvement, il semble infatigable. Il présente une tendance marquée à se mouvoir en cercle plutôt qu'en ligne droite.

Crâne . . . . Large, à front plutôt aplati qu'arrondi

Cassure du nez . . . . Modérée.

Tête . . . . Longue et museau pointu.

Truffe . . . . Noire.

Yeux . . . . Brunâtres ou jaunâtres; le regard interrogateur et dénotant l'intelligence.

Oreilles . . . . . . De forme triangulaire, raides et droites, bien plantées, demi-longues.

Cou . . . . Cylindrique, peu allongé.

Dos . . . . Horizontal, large et puissant, de longueur moyenne.

Queue . . . . Forte à sa base, de longueur moyenne, présentant des particularités différentes selon les variétés. *Au repos,* le chien la tient basse, la pointe recourbée en arrière au niveau du jarret. *En action,* il la relève en lui imprimant une courbe plus accentuée vers la pointe. Il ne la porte pas en trompette. — A noter cependant que certains chiens naissent sans queue ou avec un simple moignon.

Poitrail . . . . . . Plutôt étroit que large.

Poitrine . . . . . . Peu large; mais en revanche profonde et descendue comme chez tous les animaux aux rapides allures.

Ventre . . . . D'un développement modéré (ni avalé, ni levretté).

Epaules . . . . . . Longues et obliques, formant un angle très aigu avec le bras.

« THOM »
appartenant à M. J. Huyghebaert, Malines. (Gravure extraite du Journal *Chasse et Pêche*.)

« MARQUIS »

appartenant à M. A. Horst, La Hulpe. (Gravure extraite du Journal *Chasse et Pêche*).

Coudes	Exactement dirigés dans le sens de la longueur du corps.
Avant-bras	Longs.
Fesses et cuisses	Bien musclées.
Jambes	Longues.
Pieds	Ronds en pattes de chat.
Aplombs	Réguliers.
Taille	En moyenne 55 centimètres.
Robe	Très variée : noir, noir mal teint, brun, brun bringé, gris sale, d'aspect terreux, etc.
Poil	Toujours abondant, serré, formant une excellente enveloppe protectrice; il y a trois variétés.

A. — A poil long.

Caractères distinctifs . .	Poil lisse, assez long sur la totalité de la surface du corps, excepté sur la tête, la face externe de l'oreille et le bas des membres. *L'ouverture du cornet auditif* est protégée par des poils touffus.
Cou	Est garni de poils longs et abondants, disposés en collerette.
Queue	Forme panache.
Avant-bras	Sont garnis à leur bord postérieur, du coude au niveau du poignet, d'une frange de longs poils.

« PICARD » et « DUC »

appartenant à M. N. Rose, Groenendael. (Gravure extraite du Journal *Chasse et Pêche*.)

« DUC » à M. A. Meule, Saint-Gilles.

« CHARLOT » à M. J. Verbruggen, Cureghem.   « DICK » à M. J. Dagnelies, Bruxelles.

(Gravure extraite du Journal *Chasse et Pêche*.)

« DUC DE GROENENDAEL »

appartenant à M. N. Rose, Groenendael. (Gravure extraite du Journal *Chasse et Pêche*.)

« TURC »

appartenant à M. A. EVENEPOEL, Koekelberg. (Gravure extraite du Journal *Chasse et Pêche*.)

Fesses . . . .   Sont protégées par un poil long et abondant.
Cassure du nez . . . .   Modérée.

B. — A poil dur.

Poil . . . .   Ébouriffé, demi-long et plus uniformément réparti.
Queue . . . .   Ne forme pas panache.

C. — A poil ras.

Poil . . . .   Demi court sur toute la surface du corps, court sur la tête, plus long au contraire autour du cou et de la queue. En outre, le bord postérieur des fesses garni de poils plus longs, disposés en ligne et inclinés vers la face interne des membres.
Queue . . . .   Est épilée.
Origine . . . .   Belge (?) (1).

ÉCHELLE DES POINTS.

Aspect général 10
Tête et cou 9
Dos et queue 9
Poitrail, poitrine et ventre 5
Membres et aplombs 8
Poil 9
TOTAL. . . 50

Club du Chien de Berger belge.

Président : M. MAURICE CHARLES, Forest.
Secrétaire : M. J. LEFEBVRE DE SARDANS, Bruxelles.
Cotisation : 12 et 5 Francs.

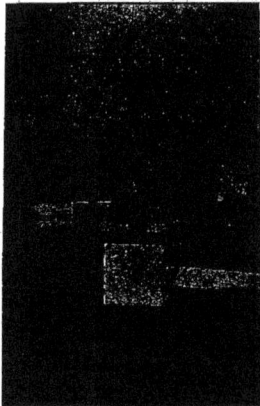

« THOM »
à M. J. HUYGHEBAERT, Malines.

(1) *Note de l'auteur.* — Les Chiens de berger belges, allemands et hollandais ne forment qu'une race et devraient s'appeler chiens de berger continentaux.

« SAMLO »

appartenant à M. P. Beernaert, Bruxelles. (Gravure extraite du Journal *Chasse et Pêche*.)

Barnard, Bishop & Barnards

Norfolk — Ironworks — Norwich

Dʳ A. J. J. KLOPPERT

Hilversum (Hollande)

Agent Général pour l'Europe Continentale, les Indes et le Transvaal

DEMANDEZ LES CATALOGUES

Hollandsche Herdershond.

CHIEN DE BERGER HOLLANDAIS.

Apparence générale . .	Un chien actif, intelligent, vigilant et attentif. D'une structure solide afin d'être tout le temps en plein air, quelque temps qu'il fasse.
Tête	De grandeur moyenne, assez longue, le museau assez effilé, mais pas autant que chez le Lévrier; au dessus, assez large et arrondie.
Oreilles	Toujours droites, de forme triangulaire, larges à la racine, se terminant en pointe arrondie.

« PRESTO »
appartenant à M. F. Grippeling, Overveen.

8

« VOS »

appartenant à M. A. Smit, Twello.

Yeux	De moyenne grandeur, placés tant soit peu obliques dans la tête, de couleur brune; regard très intelligent.
Nez	Toujours noir.
Dents	Bien formées et fortes, s'adaptant parfaitement.
Cou	Musclé et de longueur moyenne.
Dos	Fort et large, légèrement courbé.
Poitrine	Profonde, mais pas trop large.
Queue	Couverte de poils assez courts; portée recourbée en bas, jamais en trompette, et venant jusqu'à la pointe du jarret; se terminant en pointe. Elle est quelquefois écourtée.
Pattes de devant . . .	Parfaitement droites et bien en dessous du corps.
Cuisses.	Bien musclées.
Pattes de derrière . . .	Bien musclées, les jarrets bien développés.
Pieds	Petits et ronds.
Poil	A. Long.
	B. Ras.
	C. Dur.

Couleur	Rouge brun, noir, grisâtre et leurs différentes teintes.
Hauteur au garrot . . .	Environ 55 centimètres.
Poids	Environ 22 kilogrammes.
Origine	Hollandaise (?) (1).
Défauts	Oreilles pendantes, museau court et couleur blanche.

ÉCHELLE DES POINTS.

Tête	25
Oreilles	15
Corps	10
Pattes et pieds	15
Poil	25
Queue	10
TOTAL. . .	100

(1) *Note de l'auteur*. — Les chiens de berger hollandais, belges et allemands ne forment qu'une race et devraient s'appeler chiens de berger continentaux.

Chiens de Berger français.

CHIEN DE BERGER DE BEAUCE.

Apparence générale	Un chien intelligent et rustique, à l'aspect sauvage et rude, de taille moyenne et bâti pour résister à toutes les températures, supporte la faim et la fatigue et se contente d'une chétive nourriture ; il est aussi sobre que laborieux.
Tête	Pas trop grosse, assez allongée ; le museau étroit et assez pointu ; le front arrondi, large et élevé, marque d'une intelligence développée.
Yeux	Petits, vifs et perçants, de couleur brune.
Nez	Toujours noir, ses qualités olfactives sont bien développées.
Oreilles	Sont toujours droites, courtes et couvertes d'un poil plus court et plus doux que sur le reste du corps.
Dents	Fortes et s'adaptant bien.
Cou	Assez court et fort.
Corps	Bien proportionné et bâti pour faire du travail.

« VIGILANT »
appartenant à M. J. Murat, Paris. (Gravure extraite du Journal L'Éleveur.)

« FIDO II »
appartenant à M. G. Derossy, Paris. (Gravure extraite du Journal *L'Éleveur*.)

« CADET »
appartenant à M. J. LACAN, Aubervilliers. (Gravure extraite du Journal *L'Acclimatation*.)

« FIDO I »

appartenant à M. L. D'HAUMIÈRES, Brionne. (Gravure extraite du Journal *Chasse et Pêche*.)

« FIDO »

appartenant á M. L. D'HEUDIÈRES, Brionne. (Gravure extraite du Journal *L'Éleveur.*)

Pattes	Bien formées et musclées.
Pieds	Robustes.
Queue	De longueur moyenne, pendante ou légèrement recourbée, elle est plus touffue que le reste du corps.
Poil	Demi long, plutôt court; mais rude au toucher et très épais.
Couleur	Noir, gris foncé, gris brun mélangé, quelquefois avec des marques plus claires; les taches blanches ne sont pas recherchées.
Hauteur au garrot . . .	De 55 à 65 centimètres.
Poids	Environ 24 kilogrammes.
Origine.	Gauloise.
Défauts	Oreilles pendantes; couleur trop claire et de trop petite taille.

Chien de Berger de Brie.

Apparence générale . . . Chien rustique, de taille moyenne et bien proportionnée; d'une intelligence, activité et obéissance admirables; enveloppé d'une fourrure assez longue le protégeant contre le froid et l'humidité.

Tête . . . . Forte, pas si longue que la variété de Beauce; le museau est également moins pointu.

Yeux . . . . De couleur brune et très intelligents.

Nez . . . . Toujours noir.

Oreilles . . . . . . Courtes et droites, jamais tombantes.

Dents . . . . Fortes et s'adaptant parfaitement.

Cou . . . . Fort et musclé.

Corps . . . . Bien bâti et charpenté, pouvant endurer beaucoup de fatigue.

« SANS GÊNE »

appartenant au Prince DE BÉARN. (Gravure extraite du Journal *L'Éleveur*.)

« STUPEUR »

appartenant au berger Jean Le Gris, Landes. (Gravure extraite du Journal *L'Éleveur*.)

« CADET »

appartenant au berger communal de Boves. (Gravure extraite du Journal *L'Éleveur*.)

« TAMBOUR »

appartenant à M. M. MAILLARD, Paris. (Gravure extraite du Journal *Chasse et Pêche*.)

« SAPEUR »

appartenant à M. J. Reve, Dunkerque. (Gravure extraite du Journal *L'Éleveur*.)

Pattes	Musclées et d'une bonne ossature.
Pieds	Bien formés.
Queue	Souvent écourtée, sinon de longueur moyenne et portée bas.
Poil	Long et laineux.
Couleur	Noir sale ou ardoisé foncé.
Hauteur au garrot . . .	De 60 à 70 centimètres.
Poids	De 20 à 30 kilogrammes.
Origine	Croisement du berger de Beauce avec le Barbet.

Chien de Berger de Bresse.

Apparence générale . . .	Chien d'une bonne structure, moitié berger et moitié chien de chasse (1).
Tête . . . . :	Assez longue, l'os occipital assez prononcé.
Yeux	Assez foncés et très intelligents.
Nez	Noir.
Oreilles	Assez longues et pendantes.
Corps	D'une bonne structure.

« MALINO »

appartenant au comte LE COUTEULX, Paris. (Gravure extraite du Journal Zentralblatt.)

Pattes	Droites et bien formées.
Queue	Descendant jusqu'au jarret.
Poil	Très fourni, demi long et assez dur.
Couleur	Blanc sale avec des taches brunes ou jaunâtres.
Hauteur au garrot . . .	Environ 60 centimètres.
Origine	Contestée.

(1) *Note de l'auteur.* — Cette race est pour ainsi dire disparue. Le chien de Bresse était employé comme chien de berger et comme chien de chasse.

Chien de Berger des Pyrénées.

Apparence générale . .	Chien d'un aspect broussailleux, d'un air peu engageant, d'assez forte taille, bâti pour défendre son troupeau contre les loups, même quelquefois contre les ours. .
Tête	Assez longue et carrée, crâne pas trop bombé, museau long.
Yeux	De couleur claire, quelquefois même bleuâtre ou vairon.
Nez	Toujours noir.
Oreilles	Petites, pointues et tombantes.
Dents	Fortes et s'adaptant bien.
Cou	Assez long, entouré d'un fort collier hérissé de pointes, servant d'armure contre les fauves.
Epaules	Obliques.
Corps	Bien charpenté et assez long.

« PAPILLON »

appartenant à M. J. Damoiseau, Lilas (Seine). (Gravure extraite du Journal *L'Éleveur*.)

Pattes	Fortes et droites.
Pieds	Grands et assez écartés.
Queue	Assez longue et plus touffue que le reste du corps.
Poil	Demi long, dur et broussailleux.
Couleur	Toutes les couleurs.
Hauteur au garrot . . .	De 65 à 70 centimètres.
Poids	Environ 30 kilogrammes.
Origine	Incertaine.

Chien de Berger du Languedoc.

Une variété du chien de berger français, mais plus vigoureux, d'humeur farouche, au poil rude et de couleur fauve foncé.

Chien de Berger de la Camargue.

Un chien plus grand que la variété précédente; à poil demi long et de couleur fauve ou noire.

Chien de Berger de la Crau.

Une variété ressemblant beaucoup au chien de berger de la Camargue; mais souvent à poil long et blanc.

Collie.

CHIEN DE BERGER ÉCOSSAIS A POIL LONG.

Apparence générale . . . . Un chien obéissant et travailleur, sans rudesse superflue; sa profonde poitrine démontre la force, ses épaules obliques et ses jarrets coudés présupposent la vitesse, tandis que son *bawsint*, apparence générale, dénote l'intelligence.

En général, c'est une apparition gracieuse et agréable, toute différente de nos autres animaux domestiques, et dont l'ensemble indique en même temps une grande force et une activité remarquable.

Tête . . . . De moyenne longueur, proportionnée à la grandeur du chien, couverte d'un poil court et doux.

Crâne . . . . Plat, modérément large entre les oreilles et s'effilant graduellement vers les yeux.

Les sourcils marquent une légère élévation, tandis que le *stop* est très peu accusé.

Museau . . . . . . De bonne longueur, s'effilant vers le nez, qui, indépendamment de la couleur de la robe, doit toujours être noir.

« AMSTEL ROUGHLANDER »

appartenant

à M. le Jhr H. M. HUYDECOPER, Amsterdam.

Dents . . . . Fortes et blanches; la mâchoire supérieure s'adaptant bien contre la mâchoire inférieure. La mâchoire supérieure dépassant sensiblement l'inférieure constitue un défaut grave; l'inverse l'est moins.

« IDÉAL »

Le Collie idéal d'après le peintre anglais R. H. Moore.

Remporte, grâce aux Biscuits de Spratt, tous les premiers prix.

Yeux . . . . De bonne grandeur, mais pas proéminents; placés assez près l'un de l'autre et obliquement, ce qui donne le regard rusé du renard, si caractéristique à la race.

Couleur : toutes les nuances du brun, le brun le plus foncé est le meilleur; la couleur jaune est un grand défaut.

Les chiens de couleur bleuâtre ont souvent un œil vairon, quelquefois même les deux yeux.

Oreilles . . . . Petites, placées assez près l'une de l'autre au sommet de la tête, couvertes d'un poil court et doux, à demi relevées lorsque l'attention du chien est éveillée; sans cela couchées en arrière et cachées dans le long poil de la crinière

Cou . . . . Long, arqué et musclé.

Corps , ... Plutôt long que court, côtes bien arrondies, poitrine profonde, étroite devant et d'une bonne largeur derrière les épaules qui sont obliques.

Reins plutôt longs, légèrement arqués et forts.

Pattes . . . . De devant droites et musclées, l'ossature assez plate, le devant assez bien en chair; les pattes de derrière moins, très musclées et les jarrets bien coudés.

L'articulation du talon est longue et de légère ossature.

« CHAMPION SOUTHPORT PERFECTION »
appartenant à M. A. H. MEGSON, Manchester.
(Cliché gracieusement prêté par la Maison SPRATT'S PATENT, Limited.)

« CHAMPION METCHLEY WONDER »
appartenant à M. A. H. MEGSON, Manchester.
(Cliché gracieusement prêté par le *Kennel Club Hollandais Cynophilia*.)

Pieds . . . .   De forme ovale, les soles bien remplies, les doigts de pied bien arqués et serrés.

Queue . . . .   Assez longue, portée recourbée en bas quand le chien est au repos, plus relevée quand il est excité et toujours droite en arrière quand il court.

Poil . . . .   Est un des points les plus importants. Le poil superficiel, à l'exception de celui de la tête et des pattes en dessous du jarret, doit être très abondant, et aussi dur que possible au toucher; le sous-poil doux, cotonneux, fourré et très épais, au point qu'il est difficile de découvrir la peau quand on le sépare.

« OSWALD »

appartenant à S. A. la Princesse H. DE BATTENBERG.

(Gravure extraite du Journal *Zwinger und Feld*.)

Le poil est très abondant et long autour du cou et sur la poitrine; c'est ce que l'on nomme « frill », crinière, palatine et jabot; c'est un des caractères typiques de la race.

Le museau est à poil court et doux au toucher; les pattes de devant garnies de poil plus long, les pattes de derrière en dessous du jarret, ont le poil court. Le poil des cuisses et de la queue sera le plus abondant possible; sur les hanches il doit être long et crêpu.

Couleur . . . . . .   Toutes les couleurs.

Hauteur au garrot. . .   Chien de 53 à 61 centimètres; chienne de 5o à 55 centimètres.

Poids . . . .   Chien de 19 1/4 à 27 1/4 kilogrammes; chienne de 17 1/2 à 22 3/4 kilogrammes.

Origine . . . . . .   Ecossaise.

Défauts . . . . . .   Crâne bombé; l'os occipital trop développé; grandes oreilles pendantes; grands yeux clairs; pattes trop poilues; queue trop courte.

ÉCHELLE DES POINTS.

Grandeur et apparence générale. . .   10
Tête   15
Yeux   5
Oreilles   10
Cou et épaules   10
Corps   10
Pattes et pieds   15
Queue.   5
Poil   20

TOTAL. . . 100

« LADY ISABEL »
appartenant à M. A. CLEGG, Northenden.
(Gravure extraite du livre *The Dog Owner's Annual*.)

Collie Club (ÉCOSSAIS).

Président : R. CHAPMAN . . . . Glenboig.
Secrétaire : JAS. E. MCKILLOP, Baldridge House, Dunfermline.
Cotisation : £ 1. 1 Sh.

Collie Club (ANGLAIS).

Président d'honneur : Rev. HANS F. HAMILTON . . . Londres.
Président : J. PANMURE GORDON . . . . Londres.
Secrétaire : STANLEY HIGGS,   Montague House, New Barnes.
Entrée : £ 2. 2 Sh.; Cotisation : £ 2. 2 Sh.

« LOTHIAN »

appartenant au Rev. Hans F. Hamilton, Londres. (Gravure extraite du Journal *The Stock-Keeper*.)

Jeunes Collies, à M. J. Royle, Manchester. (Gravure extraite du Journal *Our Dogs*.)

Collie Club (ALLEMAND).

Président : MAX FEER . . . . Frauenfeld.
Secrétaire : FRED. GROH . . 20, Marienstrasse, Karlsruhe.
Entrée : 2 Mark;
Cotisation : 10 Mark.

Collie Club (BELGE).

Président : FL. DUCHATEAU. . . . . Quevaucamps.
Secrétaire : A. BARKER, 120, rue des Goujons, Bruxelles.
Cotisation : 20 Francs.

Le Collie idéal d'après le peintre allemand R. STREBEL.
(Gravure extraite du Journal *Der Hunde Sport*.)

« DOON GOLDFINDER »

appartenant au Rev. Hans F. Hamilton, Londres. (Gravure extraite du Journal *Chasse et Pêche*.)

« CHAMPION ORMSKIRK AMAZEMENT ».

appartenant à M. T. H. STRETCH, Ormskirk. (Gravure extraite du Catalogue illustré du *Cruft Show*.)

La plus grande différence entre les points adoptés par les deux premières sociétés consiste en ce que le club anglais veut que les dents de la mâchoire supérieure dépassent celles de la mâchoire inférieure; de plus, ce club veut que les yeux du Collie soient placés loin l'un de l'autre.

Ce club termine la nomenclature des points par les observations suivantes :

Le type de Lévrier est blâmable, car il ne laisse pas assez de place pour le cerveau et donne, de plus, une expression peu intelligente.

Le type de Setter, avec la grande oreille pendante, l'œil grand et triste, la patte trop poilue et la queue droite et courte, est aussi à rejeter.

ÉCHELLE DES POINTS.

Tête et expression.	15
Oreilles	10
Cou et épaules	10
Pattes et pieds	15
Croupe	10
Dos et reins.	10
Queue	5
Poil et « Frill »	20
Grandeur	5
TOTAL. . . .	100

« GLADDIE »

appartenant à M. J. F. Lumsden, Kintore. (Gravure extraite du Catalogue illustré du *Craft Show*.)

Collie.

CHIEN DE BERGER ÉCOSSAIS A POIL RAS.

Les points du Chien de berger écossais à poil ras sont conformes aux points du chien à poil long, à l'exception du :
Poil. . . . Dur, épais et court.

Les sociétés et clubs sont également les mêmes pour cette variété du Chien de berger écossais.

—————

Smooth Collie Club

(EN FORMATION.)

« ORMSKIRK MERLIN »
appartenant à M. S. WOODIWISS, East Finchley.
(Gravure extraite du Journal *The British Fancier*.)

« CHAMPION PICKMERE »
appartenant à M. A. H. MEGSON, Manchester. (Gravure extraite du Journal *The Stock Keeper*.)

« LADY PICWICK »

appartenant à M. F. WALLACE, Ryton-on-Tyne. (Gravure extraite du Journal *Chasse et Pêche*.)

Collie.

Chien de Berger écossais à courte queue à poil long.

Chien de Berger écossais à courte queue à poil ras.

Les points sont les mêmes que pour le berger écossais, avec cette différence :

Queue . . . . Doit être courte, de 5 à 10 centimètres de longueur.
Lorsque la queue a été coupée, il y a lieu de disqualifier
le chien.

Ces variétés du Chien de berger écossais n'ont été reconnues que par le

Northern and Midland Sheep Dog Club.

Président : Dʳ GEO MACGILL . . . . Manchester.
Secrétaire : E. BINDLOSS. . . Bindlow Chambers, Manchester.
Entrée : 10 Sh. 6 d. ;
Cotisation : 10 Sh. 6 d.

« JACK TAILLESS »

Chien de berger écossais à courte queue, à poil long.

« BOB LE MOIGNON »

Chien de berger écossais à courte queue, à poil ras.

Old English Bobtail.

CHIEN DE BERGER ANGLAIS A COURTE QUEUE.

Apparence générale . . Un chien fort et ramassé, bien symétrique, pas trop haut sur pattes, ni trop maigre, couvert d'une épaisse fourrure, très élastique dans son galop qu'il fait la tête basse; mais quand il marche ou trotte, il adopte un pas d'amble très caractéristique, ce qui lui donne une allure ayant une ressemblance frappante avec celle de l'ours; son aboiement est résonnant, avec un son rappelant celui d'une *marmite fêlée*.

Pris en général, c'est un chien compact et fort, avec une expression intelligente, mais ne ressemblant en aucune façon au Caniche ou au Deerhound.

« BAWBEE »
appartenant à Mᵐᵉ E. Fischer, Cumberland; (Gravure extraite du *Ladies'Kennel Journal*.)

Crâne . . . . Spacieux et de forme en quelque sorte carrée, donnant beaucoup de place au cerveau. La partie au dessus des yeux est bien arrondie et bien garnie de poils.

« MASTERPIECE »

appartenant à M. B. S. Freegard, Neath. (Gravure extraite du Journal *The British Fancier*.)

« CHAMPION DAIRY MAID »

appartenant à M. G. WEAGER, Londres. (Gravure extraite du Journal *The Stock-Keeper*.)

Mâchoires	Assez longues, fortes et carrées ; le *stop* doit être visible, afin de ne pas accuser de ressemblance avec la tête du Deerhound.
Yeux	La couleur des yeux varie suivant la couleur de la robe ; les chiens de couleur bleu foncé ont les yeux brun foncé ceux de couleur verdâtre ou bleu pâle auront un ou les deux yeux vairons, couleur perle ou bleu pâle, ce qui est très typique.
Nez	Toujours noir, large et grand.
Dents	Fortes, grandes et s'adaptant parfaitement.
Oreilles	Petites et portées contre la tête ; elles sont assez poilues.
Cou et épaules	Le cou est assez long, gracieusement formé et bien couvert de poil ; les épaules sont obliques et étroites aux pointes ; le chien est plus bas à l'épaule qu'à la croupe.
Corps	Assez court et ramassé, côtes bien arrondies, poitrine profonde et spacieuse. Les reins sont forts et gracieusement courbés, tandis que la croupe doit être ronde et musclée, avec des jarrets bas et les cuisses couvertes d'un poil plus long et plus épais, que sur toute autre partie du corps.

« SIR VISTO » et « SIR TRISTAN »
appartenant à M. E. Parry Thomas, Pontypridd. (Gravure extraite du Journal *Our Dogs*.)

Nos Chiens et leurs aptitudes

(Gravure extraite du Journal anglais *Our Dogs*, le seul traitant exclusivement les Chiens.)

Pattes	Les pattes de devant sont droites, d'une bonne ossature, et bien garnies de poil, élevant bien le corps de la terre, sans être trop longues.
Pieds	Petits, ronds ; les doigts du pied sont bien courbés et les soles épaisses et dures.
Queue	L'élevage de chiens à courte queue (non coupée) doit être encouragé, mais dans aucun cas la queue ne doit être laissée plus longue que 5 centimètres ; toute prolongation ôtera au chien le mieux conformé son caractère et sa compacité.
Poil	Abondant et d'une bonne qualité ; pas droit, mais dur et non bouclé.
	Le sous-poil sera un préservatif contre l'influence de l'eau et l'intempérie des saisons, aussi longtemps qu'il ne sera pas perdu par un excès de toilette.
Couleur	Toutes les nuances de gris cendré, gris, bleu ou bleuâtre et verdâtre, blanc, avec ou sans taches blanches. La collerette, les pattes, la poitrine et le museau blancs sont recherchés.
Hauteur au garrot . .	De 56 à 60 centimètres et plus pour les chiens, les chiennes sont plus petites.
Poids	De 25 à 30 kilogrammes.
Origine.	Incertaine, probablement introduite en Angleterre par les Romains.
Défauts	Le poil doux, bouclé comme celui du Caniche ; couleur noir et feu ou bringée.

« DAME ELISABETH »

appartenant au Dʳ G. C. EDWARDES-KER, Woodbridge.

« JASPER »

appartenant à MM. J. et W. H. CHARLES, Wellesbourne. (Gravure extraite du Journal *Chasse et Pêche*.)

ÉCHELLE DES POINTS.

Crâne 10
Mâchoires 5
Yeux 5
Nez 5
Dents 5
Oreilles 5
Cou et épaules 10
Corps 15
Queue 5
Pattes 10
Poil 15
Couleur 10

TOTAL. . . 100

Cette échelle, faite en 1888 par le *Old English Sheep Dog Club*, n'est plus adoptée et les juges donnent la préférence à celle ci-dessous.

ÉCHELLE DES POINTS.

Conformation de la tête et couleur des
  yeux (de préférence couleur perle,
  bleu pâle et vairon) 20
Dents 5
Oreilles 10
Cou et épaules 5
Pattes et pieds 10
Dos, reins et croupe 10
Poil 20
Couleur 10
Poids 10

TOTAL. . . 100

« SHEPERD'S DELIGHT »

appartenant à M. S. KINGSLAKE, Londres. (Gravure extraite du Journal *Chasse et Pêche*.)

« SIR CAVENDISH »
appartenant au Dr G. C. EDWARDES-KER, Woodbridge.

Old English Sheep Dog Club.

Président d'honneur : DUC F. HAMILTON . . . . .   Suffolk.
Président : Dr G. C. EDWARDES-KER, Woodbridge,   Suffolk.
Secrétaire : E. PARRY THOMAS . . . . Pontypridd.
Entrée : 10 Sh. 6 d. ;
Cotisation : 10 Sh. 6 d.

Northern and Midland Sheep Dog Club.

Président : D^r GEO MACGILL . . . . Manchester.
Secrétaire : E. BINDLOSS. . . Bendlow Chambers, Manchester.
Entrée : 10 Sh. 6 d. ;
Cotisation : 10 Sh. 6 d.

Highland or Bearded Collie.

Est la même race, mais à longue queue ; cette variété est très peu recherchée ; néanmoins quelquefois des classes sont ouvertes pour ce chien.

Deutsche Schäferhund.

CHIEN DE BERGER ALLEMAND.

Apparence générale

Nonobstant leur poil différent, les chiens de berger allemands ont une plus grande analogie avec le chien sauvage, dans leur forme et leurs mouvements, que tout autre race de chien de berger. Cela se remarque spéciale-ment à l'oreille toujours droite, pointue et dressée, au mu-seau long et pointu, à la quêue poilue et portée pendant la plupart du temps, au va et vient continuel et à la grande vigilance qu'il montre pour tout ce qui se passe autour de lui.

D'après le poil ils sont divisés en trois classes :

A. A poil dur;
B. A poil ras;
C. A poil long.

La grandeur du chien varie d'après le terrain sur lequel on l'emploie; dans les vastes pâturages incultes on tient des chiens de plus grande taille que dans les terres plus cultivées et morcelées.

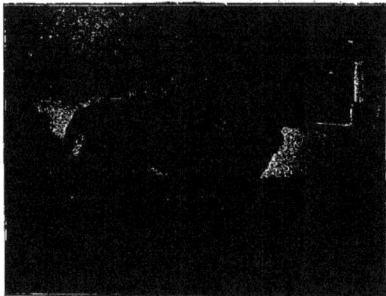

« FLOCK ».
appartenant à M. J. MACKER, Berlin. (Gravure extraite du Journal *Der Hunde-Sport*.)

Chiens de berger allemands idéaux, à poil court et long, d'après le peintre allemand L. BECKMANN.

(Gravure extraite du Journal *Chasse et Pêche*.)

Tête . . . . De moyenne grandeur, plutôt légère que lourde, le museau est assez long, droit et allant en s'effilant modérément vers le nez; le pli des lèvres est peu prononcé, la fente de la bouche moins régulière que chez le chien de Poméranie.

Le front, devant les yeux, est légèrement incliné, peu bombé, sans ligne médiane sillonnée; le front monte obliquement, s'élargissant vers le haut; l'os occipital est peu prononcé.

Oreilles . . . . . . De moyenne longueur, droites, larges à la base, se terminant en pointe, garnies à l'intérieur de poils longs et serrés.

Yeux . . . . De grandeur moyenne, plutôt petits, placés obliquement dans la tête, clairs, proéminents et vifs.

Cou . . . . De longueur moyenne et ne paraissant pas plus court malgré un poil plus long.

Corps . . . . Poitrine profonde et descendue, étroite du devant, côtes plates, ventre relevé, dos légèrement arqué, croupe courte et oblique, reins larges et puissants.

Pattes de devant. . . . Épaules obliques et plates, coudes bien descendus, avant-bras bien droits, vus de n'importe quel côté.

Pattes de derrière . . . Cuisses larges et plates; l'os de la jambe long; vue de profil, la jambe est oblique près du jarret; vue de derrière, elle est parfaitement droite; le canon postérieur court et fin, le jarret très développé.

Pieds . . . . Petits, ronds, courts et à poil ras, soles dures et ongles résistants.

Queue . . . . S'étendant jusqu'au bas du jarret, fort poilue en dessous, ordinairement portée pendante; quand le chien est excité, relevée en sabre, mais jamais en trompette.

Des queues courtes ou écourtées, soit de naissance, soit à la suite d'une amputation, se voient souvent.

Poil . . . . *A*. **Dur**. — Le poil est courbé, plus long de la poitrine jusqu'au bout de la queue, ainsi que sur la partie postérieure des pattes jusqu'au jarret et les genoux. Les pattes sont couvertes de poil ras, ainsi que la tête, sans barbe ni longs sourcils.

Le poil est dur et résistant au toucher.

B. **Ras**. — Celui-ci n'est probablement qu'une variété du chien à poil dur. Ici le poil est plus court, lisse et couché partout, un peu plus abondant et relevé autour du cou. Des jeunes à poil ras se rencontrent souvent dans une nichée de chiens à poil dur. Quelquefois ils naissent avec une courte queue, parfois on la leur coupe.

C. **Long**. — Ici le poil long et doux se forme facilement en mèches ondulées et flottantes, non couchées comme chez les chiens à poil dur ou ras. Elles forment sur le dos une

raie et retombent des deux côtés. Au milieu du front, le poil
dessine un épi dont toutes les mèches retombent en rayonnant au dessus des yeux et des deux côtés de la tête.

L'intérieur de la conque de l'oreille est souvent couvert
d'un poil plus long qui se projette latéralement en courbe
et dépasse l'oreille.

La queue est en panache. Sur la partie postérieure des
cuisses, et souvent aussi le long du bord postérieur des
avant-bras, se forment des franges disposées en mèches.

Les babines et le menton sont ornés d'une moustache et
d'une barbiche, par contre les pattes ont un poil plus court
que le reste du corps.

Les trois variétés de poil ont un sous-poil fin et doux.

Couleur . . . . Noir, gris de fer, gris cendré, roux, soit unicolore,
soit à marques régulières feu ou blanc-sale sur le museau,
les yeux et les pattes (comme chez le Dachshund). Puis blanc
ou blanc avec de grandes taches foncées, bringé foncé (raies
noires sur fond brun, jaune ou gris-bleu) avec ou sans
marques de feu.

« STOPPELHOPSER » et « SCHÄFERMÄDCHEN »

appartenant à M. M. Reichelmann, Berlin. (Gravure extraite du Journal *Der Hunde-Sport*.)

13

Chien de berger allemand idéal à poil dur, d'après le peintre allemand L. BECKMANN.

(Gravure extraite du Journal *Chasse et Pêche*.)

Hauteur au garrot . . .	Les chiens environ 55 centimètres, les chiennes environ 5o centimètres.
Poids	Environ 24 kilogrammes.
Origine.	Allemande et continentale.
Défauts . :	Oreilles pendantes, couchées en avant ou en arrière, ou croquées, museau trop court, poil indéfini, pattes couvertes de poils longs et queue en trompette.

Phylax, Spezial Klub für Deutsche Schäferhunde und Spitze.

Président : M. REICHELMANN . . . . Berlin.
Secrétaire : E. HARTMANN. . . . 13, Friesenstrasse, Berlin.
Cotisation : 10 Mark.

Quelques chiens devenus des Champions grâce aux Biscuits de la Maison SPRATT.

Owtchar.

CHIEN DE BERGER RUSSE.

Tête . . . . Massive et ronde, les poils sur la tête sont plus doux que sur le corps.

Crâne . . . . Rond et bien développé.

Yeux . . . . Assez grands, bruns foncés et très intelligents.

Nez . . . . Noir.

Dents . . . . Fortes et s'adaptant bien.

Oreilles . . . . Tombantes, rondes et pas trop longues, fournies d'un poil court et épais.

Cou . . . . Court et trapu.

Corps . . . . Solide et bien développé. Le chien de berger russe est le plus grand de tous les chiens de bergers; il doit être capable de défendre le troupeau contre les loups et autres animaux malfaisants.

Queue . . . . Souvent coupée, sinon bien fournie de poils.

Pattes . . . . Droites et bien musclées.

Pieds . . . . Solides, les doigts assez séparés.

« SERGE »

appartenant au Comte F. DE FALTZ-FEIN. (Gravure extraite du Journal *Le Chenil*.)

« OFTSCHARKA I »

appartenant à l'Élevage national de moutons en Russie. (Gravure extraite du Journal *Chasse et Pêche*.)

« OLGA »

appartenant au Comte F. DE FALTZ-FEIN, Russie. (Gravure extraite du Journal L'Acclimatation.)

Poil	Très fourni et épais, laineux sans être doux, se feutrant et formant comme des morceaux d'étoupe quand le chien n'est pas soigné.
Couleur	Le gris ardoisé est la couleur la plus recherchée, quelquefois fauve ou blanc sale.
Hauteur au garrot. . .	De 65 à 75 centimètres.
Poids	Environ 40 kilogrammes.
Origine	Russe.

« RUSSIA »

appartenant au Comte F. DE FALTZ-FEIN. (Gravure extraite du Journal *Le Chenil*.)

Oestereichische Schäferhund.

CHIEN DE BERGER AUTRICHIEN.

Apparence générale	Un chien de formes assez compactes, dénotant beaucoup de vigueur et d'intelligence.
Tête	Pas trop longue et assez carrée.
Yeux	Vifs et intelligents.
Oreilles	Droites, petites et pointues.
Nez	Toujours noir.
Corps	De forme assez compacte.
Pattes	Droites et bien musclées.
Queue	Assez longue et très touffue, quelquefois coupée.
Poil	Epais, crépu et bouclé.
Couleur	Toutes les couleurs.
Hauteur au garrot	Environ 60 centimètres.
Origine	Inconnue.

Juhasz.

CHIEN DE BERGER HONGROIS.

Apparence générale	Un chien de structure solide, aux formes plus élancées que le précédent, très vif et courageux.
Tête	Assez courte, plus courte que celle de ses confrères étrangers.
Yeux	Petits, intelligents et pleins de feu.
Oreilles	Tombantes ou demi rabattues.
Nez	Toujours noir.
Corps	De bonne ossature.
Pattes	Fortes et droites.
Queue	Avec un beau panache et portée recourbée sur le dos.
Poil	Long et assez laineux.
Couleur	Blanc et blanc salé.
Hauteur au garrot	Environ 65 centimètres.
Origine	Hongroise.

Appenzeller Sennenhund[1].

CHIEN DE BERGER DES ALPES.

Apparence générale	Chien de moyenne grandeur, de forte construction sans être lourd.
Aptitudes	Chien rendant de grands services aux cultivateurs, mi-chien de berger, mi-toucheur de bœuf et excellent chien de garde.
Tête	Pas trop grande, assez petite même en comparaison du corps, cunéiforme, plus développée dans la partie postérieure du crâne que dans la nuque et le cou, mais sans exagération.
Crâne	Large et plat; beaucoup des meilleurs spécimens ont, au milieu du crâne, une rainure qui s'étend jusque entre les yeux.
Front	Plat.
Stop	A peine visible.
Museau	Léger, allant en s'amincissant vers le nez.
Yeux	Assez écartés l'un de l'autre, placés obliquement dans la tête, ni proéminents, ni enfoncés, de couleur brun foncé avec une expression vive et intelligente. Les paupières bien serrées, faisant paraître les yeux plutôt petits.
Nez	Noir.
Joues	Pas trop bombées.
Lèvres	Peu pendantes.
Mâchoires	Fortes.
Dents	Saines, mais pas trop développées.
Oreilles	Petites, placées haut et sur toute la largeur, en forme de V, aux pointes pas trop arrondies, tombant serrées contre la tête. Le poil des oreilles ne doit pas être plus long que sur le reste du corps.
Voix	Claire, s'entendant de loin.
Cou	Court et compact; large aux épaules, se rétrécissant vers la tête.
Épaules	Obliques, fortes et bien couvertes de muscles.

(1) *Note de l'auteur.* — Aussi nommé Toggenburger Treibhund et Entlibucherhund.

Poitrine	Profonde et ronde, pas trop descendue entre les pattes.
Dos	Droit, long et assez large, peu enfoncé près des reins.
Ventre	Légèrement relevé.
Reins	Longs et forts.
Corps	Fortement charpenté, assez grossier sans lourdeur, de forme cylindrique; ossature plutôt fine.
Pattes	Fines, droites et nerveuses; les pattes de derrière garnies d'ergots.
Pieds	Petits, plutôt allongés que ronds, doigts bien serrés, ongles crochus et soles dures.
Queue	De longueur moyenne, forte à sa base, portée haut et quelquefois sur le dos, garnie de poil plus long que sur le reste du corps.
Ossature	Assez fine.
Poil	Court, comme celui du Saint-Bernard à poil ras, sans être raide, dur ou long.
Couleur	Noir à marques feu ou blanches, quelquefois bleu avec des yeux vairons; cette dernière variété n'est pas recherchée.
Hauteur au garrot . . .	De 48 à 58 centimètres.
Poids	Environ 20 kilogrammes.
Origine	Suisse.
Défauts	Tête courte et ronde, oreilles droites, ossature lourde, pieds ouverts et autres couleurs.

ÉCHELLE DES POINTS.

Apparence générale	15
Tête	10
Yeux	10
Oreilles	10
Cou et épaules	15
Dos et reins	10
Pattes et pieds	10
Queue	5
Poil et couleur	15
TOTAL . . .	100

Schweizerischer Kynologischer Gesellschaft.

Président : J. B. STAUB . . . . Zurich.
Secrétaire : ALB. MULLER . . . . . 20, Zeltweg, Zurich.
Cotisation : 8 Francs.

Cani da Pastore Italiana.

CHIEN DE BERGER ITALIEN (1).

Tête	Assez grande et grossière.
Crâne	Légèrement bombé, garni de poil court.
Yeux	Pas trop grands, de couleur noisette et très vifs.
Nez	Noir.
Oreilles	Courtes et tombantes, couvertes d'un poil un peu plus long que celui du crâne, mais pas aussi bouclé que sur le corps.
Corps	Bien charpenté et rond.
Queue	Longue et bien fournie, portée bas.
Pattes	Droites et bien bâties.
Pieds	Ronds et bien pourvus de poils.
Poil	Frisé et très épais.
Couleur	Assez claire, jaune sale tacheté. Les chiens de couleur plus foncée existent, mais ne sont pas recherchés.
Hauteur au garrot . . .	Environ 60 centimètres.
Poids	Environ 30 kilogrammes.
Origine	Italienne.

« TÜRKO »

appartenant à M. R. Neumann, Hätzingen. (Gravure extraite du Journal *Zentralblatt*.)

Note de l'auteur. — Cette race est souvent nommée chien de berger de Bergames.

24

Chien de Berger des Abruzzes.

Apparence générale. . . .	Un chien de bonne grandeur, assez rude, de formes moins élancées que ses confrères étrangers.
Tête	Possédant une grande ressemblance avec celle du loup.
Crâne	Légèrement bombé.
Museau	De bonne longueur et assez effilé.
Yeux	Posés obliquement dans la tête, de nuance claire, l'expression assez fausse.
Nez	Toujours noir.
Oreilles	Petites et droites, couvertes d'une frange soyeuse. La pointe de l'oreille ne doit pas tomber.
Dents	Grandes et fortes.
Cou	Large et trapu.
Epaules	Assez obliques.
Corps	Bien découplé, dénotant une vigilance, une intelligence et une bravoure remarquables.
Pattes	Fortes et bien formées.
Pieds	Assez larges.
Queue	Frisée et touffue, remontant sur les reins, quelquefois coupée.
Poil	Long et soyeux.
Couleur	Blanche sans aucun mélange.
Hauteur au garrot. . .	Environ 65 centimètres.
Poids	Environ 30 kilogrammes.
Origine	Calabraise.
Défauts	Oreilles tombantes et toute autre couleur que le blanc.

ÉCHELLE DES POINTS.

Apparence générale	25
Tête	10
Yeux	10
Oreilles	10
Corps	15
Pattes et pieds	15
Poil et couleur	15
TOTAL . . .	100

Chien des Douars.

CHIEN DE BERGER ALGÉRIEN.

Apparence générale . .	Un grand chien de berger et de garde, remarquable par sa férocité et par son instinct qui lui permet de distinguer les bêtes de son douar (village où ~~campement des~~ Arabes ~~du désert~~) de toutes les autres.
Tête	Assez longue, crâne étroit.
Museau	Long et assez effilé.
Nez	Noir.
Oreilles	Droites et de forme triangulaire, le poil y est moins long et plus doux que sur le reste du corps.
Yeux	Petits, obliques, bruns et intelligents.

« CHEICK »

appartenant à M. A. DELLIS, Constantine.

Poitrine	Profonde et assez descendue, mais pas trop large.
Epaules	Obliques.
Dos	Droit et fort.
Pattes	Droites et bien musclées.
Pieds	Assez allongés.
Queue	Touffue comme celle du renard et portée bas, jamais en trompette.
Poil	Demi long, rude et revêche.
Couleur	Brun sale, plus pâle aux extrémités et sous la queue.
Origine	Algérienne.

Toucheur de Bœufs.

CHIEN DE BOUVIER.

Apparence générale . . Chien de forte taille, à l'air assez sauvage et peu commode; son corps est couvert d'un poil rude et assez long; à part cela, ressemblant fort au chien de Beauce; mais de plus grande taille.

Tête . . . . Bien formée et assez allongée; le museau pas trop court; le front assez large et arrondi.

Yeux . . . . Assez petits, vifs et perçants, de couleur ambre foncé. .

Nez . . . . Toujours noir.

Oreilles . . . . Portées droites et assez petites.

Dents . . . . Très fortes et s'adaptant bien l'une sur l'autre.

Cou . . . . Bien musclé et fort.

Corps . . . . Bien d'aplomb sur les pattes, fortement charpenté; il ne manque pas d'élégance.

« PAPILLON »

appartenant à M. J. THIERRY, Paris. (Gravure extraite du Journal *L'Éleveur*.)

« LIBERTIN »
appartenant à M. E. Thomé, Paris. (Gravure extraite du Journal L'Acclimatation.)

Pattes	De bonne ossature, droites et bien musclées.
Pieds	Bien formés et robustes.
Queue	Bien touffue, de longueur moyenne et portée légèrement recourbée, mais pas sur le dos.
Poil	Assez long et dur, bien fourni, abritant bien le chien contre les intempéries des saisons.
Couleur	Noir, fauve foncé ou noir sur le dos et le haut de la queue, plus clair ou brunâtre sur le ventre, les pattes et le dessous de la queue.
Hauteur au garrot . . .	De 65 à 75 centimètres.
Poids	De 30 à 35 kilogrammes.
Origine.	Contestée, vraisemblablement un croisement du chien de berger de Beauce et du loup.

« BRISSACK »

appartenant au vicomte J. DE MURAT, Malicorne. (Gravure extraite du Journal *L'Éleveur*.)

Saint-Bernard.

A POIL RAS.

Apparence générale . . Grand, fort et vigoureux, avec une tête puissante et une expression très intelligente.

Les chiens à masque foncé ont une expression plus sévère ; mais non méchante.

Tête . . . . Comme tout le corps, très puissante et imposante. La partie supérieure de la tête est forte, large, un peu voûtée et finit en s'arrondissant insensiblement aux joues qui sont hautes, fortes et bien développées.

L'os occipital est légèrement développé.

L'arcade sourcilière est très saillante et à angle droit avec la ligne médiane de la tête.

Une profonde rainure existe sur toute la longueur de la partie supérieure de la tête ; elle commence profondément entre les deux arcades sourcilières et diminue graduellement vers la prolongation de l'os occipital. Les rides, aux angles externes des yeux, vont en divergeant passablement jusqu'à la partie postérieure de la tête.

La peau du front forme au dessus des arcades sourcilières et contre la rainure du front des plis plus ou moins visibles qui s'accentuent quand le chien est affecté, sans toutefois assombrir l'expression.

« BELISAR »

appartenant à M. J. Probst, Genève. (Cliché prêté gracieusement par le *Kennel Club Hollandais Cynophilia*).

« LADY SUPERIOR »

appartenant à M. L. Oppenheim, Londres. (Gravure extraite du Journal *Chasse et Pêche*.)

La partie supérieure de la tête continue en diminuant vers le museau par un arrêt du front très subit.

Museau . . . . Est court et non aminci ; son diamètre, pris verticalement à sa base doit être plus grand que la longueur du museau.

L'os nasal n'est pas voûté, mais droit, et même, chez quelques bons chiens, légèrement cassé.

De la base du museau jusqu'au nez existe une rainure peu profonde, mais assez large et visible.

Les babines de la mâchoire supérieure sont fortement développées ; elles ne sont pas brusquement coupées, mais pendent gracieusement en s'arrondissant. Les babines de la mâchoire inférieure ne doivent pas être tombantes. La mâchoire, en comparaison de la structure de la tête, est légèrement développée.

Dents . . . . Dents s'adaptant bien. Un palais noir est désiré et préféré.

· HEKTOR VON BASEL ·   · JUNO VON BIEL ·
· ROLAND ·   · FL...   · JUNG JUNO ·   · TOSCA ·
appertenant à M. A. Turnauer, Wil... les cinello du journal Embellissi.)

Stammbaum von Mentor von Hirslanden

6 erste Preise und I. Siegerpreis München 1893 und 1894.

Vater:
Pluto von Arth
I. Preis Bern 1889.
Verstorben.

Mutter:
Hero von Hirslanden
I. und Ehrenpreis Frankfurt 1888.
I. Preis Hamburg 1888.
I. und Ehrenpreis Cöln 1889.
I. und Zusatzpreis Bern 1889.
I. und Ehrenpreis Berlin 1890.
I. Preis Nürnberg 1891.
I. u. Ehrenpreis Frankfurt 1891.
I. und Ehrenpreis Berlin 1892.
3 erste Preise München 1893
nebst Ehrenpreis.

Bernhardiner-Zuchtanstalt
Klus Hirslanden-Zürich

Besitzer:
Ernst Joerin-Gerber, Villa Diana, englisch Viertel, Zürich.
Spezialzucht des ächten idealen St. Bernhard-Hospiztypus.

Mentor von Hirslanden

4 erste Preise in Classen 166, 173, 177, 181, und Ehrenpreis internationale Hundeausstellung
München 1893.
I. Siegerpreis Siegerclasse München 1894 und ausserdem je I. Preis in Classe 21 und 29.

Nez . . . .   Très grand et large, les narines bien ouvertes et toujours noires ainsi que les babines.

Oreilles . . . . . .   De grandeur moyenne, attachées passablement haut, avec une conque fortement développée, tombant légèrement vers le bas, puis avec une courbe très prononcée tombant de côté, contre la tête sans aucun pli. Elles sont fines et se terminent en triangle arrondi. La partie antérieure s'appliquant bien contre la tête, la partie postérieure s'éloignant un peu quand le chien est en éveil. Des oreilles faiblement attachées s'appliquant de suite contre la tête, donnent à celle-ci une forme ovale, et enlèvent l'expression caractéristique du chien, tandis qu'une base fortement développée donne à la tête plus de grandeur et d'expression.

Yeux . . . .   Sont placés plus en avant que de côté, de grandeur moyenne, bruns ou brun-noisette, avec une expression intelligente et affectueuse, modérément profonds; les paupières inférieures ne se ferment généralement pas entièrement et forment dans le coin extérieur un pli anguleux. Des paupières trop pendantes avec des glandes lacrymales proéminentes ou des conjonctives trop enflées et d'un rouge sang sont condamnables.

Cou . . . .   Attaché haut, très fort, porté horizontalement quand le chien est en éveil, autrement légèrement incliné vers le bas. Le passage de la tête à la nuque est indiqué par un pli bien marqué.

Nuque très musclée et légèrement arquée, rendant le cou assez court.

Les fanons bien développés, mais sans exagération.

Épaules . . . .   Obliques et larges, très musclées et fortes, garrot bien développé.

Poitrine . . . . . .   Bien arrondie, assez profonde; la partie inférieure ne doit pas dépasser les coudes.

Dos . . . .   Large, légèrement arqué sur les reins, tout droit jusqu'aux hanches et ravalé imperceptiblement vers la naissance de la queue.

« ORSINO VON HIRSLANDEN »

appartenant à M. R. JODRIN-GERBER, Zurich. (Gravure extraite du Journal *Der Hunde-Sport.*)

Croupe	Bien développée, cuisses très musclées.
Ventre	Très visible près des reins et très peu relevé dans la région lombaire.
Queue	Forte et grosse à la naissance, elle est longue et lourde et finit en pointe forte. Au repos, elle pend droite vers la terre, légèrement relevée au dernier tiers de sa longueur (il en est ainsi chez tous les chiens de l'Hospice du Saint-Bernard, d'après d'anciens tableaux) et présente alors la forme d'un *f*. Lorsque l'attention du chien est éveillée, il porte la queue légèrement relevée vers le haut; mais elle ne doit jamais être portée enroulée sur le dos. On admet, tout au plus, que la pointe soit légèrement enroulée.
Avant-bras	Très fort et bien musclé.
Pattes de devant . . .	Droites et fortes.
Pattes de derrière . . .	Légèrement arquées dans les jarrets et suivant le développement, pourvues de griffes de Saint-Hubert ou ergots simples ou doubles; vers les pieds plus ou moins tournées en dehors, sans toutefois former des jarrets de bœuf.

« MENTOR I VON HIRSLANDEN »
appartenant à M. E. JOERIN-GERBER, Zurich. (Gravure extraite du Journal *Der Hunde-Sport*.)

« VIGIL II »
appartenant à M. C. L. Loft, Liverpool.
(Cliché gracieusement prêté par M. J. de Virieu van Heyst, Apeldoorn.)

Pieds . . . . Larges, moyennement fermés, pourvus d'ongles forts et bien courbés. Les ergots simples ou doubles sont placés à la hauteur du dessus de la plante du pied, de telle sorte que le pied paraît plus large et ne s'enfonce pas si facilement dans la neige.

Certains chiens ont aux pattes de derrière un cinquième doigt régulièrement formé. Les ergots qui se trouvent à la partie intérieure des pattes de derrière, n'ont pas de valeur quand le chien est jugé à une exposition.

Poil . . . . Est très épais, assez dur et couché. Cuisses légèrement culottées. Les poils sont plus longs et plus épais à la base de la queue et vont en diminuant jusqu'à la pointe. La queue paraît touffue, mais ne forme pas de frange.

Couleur . . . . Blanc et rouge ou rouge et blanc; le rouge dans ses diverses nuances; blanc avec des taches bringées jaune fauve ou gris-brun, ou ces couleurs avec des marques blanches. Les couleurs rouge, jaune fauve ou gris-brun, ont une égale valeur. Le dessin indispensable est le suivant : poitrine, pieds, pointe de la queue, le dessus du museau, le collier et le chanfrein blancs. Jamais unicolore ou sans blanc. Toutes les autres couleurs sont des défauts, sauf la nuance foncée à la tête (masque) et aux oreilles.

« MARKO »

appartenant à M. A. Schumacher, Vevey. (Gravure extraite du Journal *Der Hunde-Sport*.)

Nichée de Saint-Bernards à poil ras, appartenant à M. A. Knechtenhofer, Thoune.
(Cliché gracieusement prêté par M. J. de Virieu van Heyst, Apeldoorn.)

Hauteur au garrot . . . Pour les chiens, au minimum, 70 centimètres; pour les chiennes, 65 centimètres. Les chiennes sont, en général, bâties plus légèrement.

Poids . . . . De 55 à 80 kilogrammes.

Origine . . . . Suisse.

Défauts . . . . Tout ce qui n'est pas conforme à ces points.

Saint-Bernard Club (SUISSE).

Président : Dʳ TH. KUNZLI . . . . St-Gallen.

Secrétaire : Dʳ A. STRAUMANN . . . . Waldenburg.

Cotisation : 10 Francs.

Saint-Bernard Club (ALLEMAND).

Président : E. JOERIN-GERBER. . . . . Zurich.

Secrétaire : LUDW. HENNE . . . 48, Müllerstrasse, Munich.

Cotisation : 10 Mark.

Saint-Bernard Club (ANGLAIS).

Président : L. NORRIS ELLYE . . . . Londres.

Secrétaire : G. MARSDEN . . . 14, Great Street, Londres E. C.

Entrée : £ 1. 1 Sh. ;

Cotisation : £ 2. 2 Sh.

Saint-Bernard Club (ÉCOSSAIS).

Président :

Secrétaire : JAMES W. DICK . . . . Mary's Place, Maryhill.

Cotisation : 10 Sh. 6 d.

Saint-Bernard Club (INTERNATIONAL).

Président : J. EICHENBERG . . . . Kötzschenbroda.

Secrétaire : R. DRESSEL . . 27, Goltzstrasse, Berlin.

Entrée : 5 Mark ;

Cotisation : 15 Mark.

Tous ces clubs ont adopté les points fixés par le club suisse; néanmoins, le club anglais prescrit la cassure du nez (*stop*) plus profonde et prononcée, la paupière extérieure plus pendante, et fixe comme hauteur au garrot pour les chiens un minimum de 76 centimètres et pour les chiennes un minimum de 70 centimètres, tandis que le poids varie de 70 à 100 kilogrammes.

Plus le chien est grand, plus il aura de valeur, sans que toutefois sa grande taille fasse du tort à la symétrie générale.

Le poil autour du cou doit être aussi plus long.

Le club énumère ensuite une liste des défauts et une échelle des points.

MAUVAIS POINTS.

Méchant.
Nez fendu.
Dents inégales ou pourries.
Museau pointu.
Yeux trop clairs ou vairons.
Mâchoires bombées.
Tête cunéiforme.
Crâne plat.
Crâne rond.
Oreilles mal attachées ou trop poilues.
Os occipital proéminent.
Cou court.
Poil bouclé.
Queue en trompette.
Hanches plates.
Dos ensellé.
Dos rond.
Pieds de lièvre.
Jarrets de bœuf.
Jarrets droits.

POINTS
entraînant la disqualification.

Nez brun ou couleur chair.
Unicolore.
Noir et feu; blanc, noir ou blanc et noir.
Jaune fauve sans blanc.

« MENTOR VON HIRSLANDEN »
appartenant à M. E. Jörin-Gerber, Zurich.
(Gravure extraite du Journal *Zentralblatt*.)

appartenant au Dr Kraus, [...] (Gravure du Journal Zoologiste.)

ÉCHELLE DES POINTS.

Tête, oreilles et yeux. 25
Expression et apparence générale . 15
Cou, épaules et poitrine 10
Corps 15
Queue 5
Pattes et pieds 10
Poil 10
Couleur et dessin 10

TOTAL. . . 100

« NEMESIS »

appartenant à M. O. EERELMAN, La Haye. (Gravure extraite de l'Album du peintre hollandais O. EERELMAN.)

Saint-Bernard.

A POIL LONG.

Apparence générale . .   Grand, fort et vigoureux, avec une tête puissante et une expression très intelligente.

Les chiens à masque foncé ont une expression plus sévère, mais non méchante.

Tête . . . .   Comme tout le corps, très puissante et imposante. La partie supérieure de la tête est forte, large, un peu voûtée et finit en s'arrondissant insensiblement vers les joues, qui sont hautes, fortes et bien développées.

L'os occipital est légèrement développé.

« MARVEL »

appartenant à M. Thos. Shillcock, Manchester. (Gravure extraite du Journal *The Stock Keeper*.)

« PETER- » et « BELLINE VON MULHEIM »

appartenant au Dr J. Toell, Mülheim. (Gravure extraite du Journal *Zentralblatt.*)

L'arcade sourcilière est très saillante et forme avec la longueur de la tête un angle droit. Il y a une profonde rainure sur toute la longueur de la partie supérieure de la tête, commençant profondément entre les deux arcades sourcilières et diminuant graduellement vers la prolongation de l'os occipital. Les rides, aux angles externes des yeux, vont en divergeant passablement jusqu'à la partie postérieure de la tête.

La peau du front forme au-dessus des arcades sourcilières et contre la rainure du front des plis plus ou moins visibles qui s'accentuent quand le chien est affecté, sans toutefois assombrir l'expression.

« PRINCE BATTENBERG »
appartenant à Mᵐᵉ M. KING-PATTEN, Londres.
(Cliché gracieusement prêté par M. J. DE VIRIEU VAN HEYST, Apeldoorn.)

« LORD DOUGLAS »
appartenant à M. J. ROYLE, Manchester. (Gravure extraite du Journal *Our Dogs*.)

La partie supérieure de la tête continue en diminuant vers le museau par un arrêt du front très subit.

Museau . . . . Court et non aminci; son diamètre, pris verticalement à la base du museau, doit être plus grand que la longueur du museau.

L'os nasal n'est pas voûté, mais droit et même chez quelques bons chiens, légèrement cassé.

De la base du museau jusqu'au nez se trouve une rainure peu profonde, assez large et visible.

Les babines de la mâchoire supérieure sont fortement développées; elles ne sont pas brusquement coupées, mais pendent gracieusement en s'arrondissant.

Les babines de la mâchoire inférieure ne doivent pas être tombantes. La mâchoire, en comparaison de la structure de la tête, est légèrement développée.

Un palais noir est désiré et préféré.

Dents . . . . S'adaptant bien.

Nez . . . . Très grand et large, les narines bien ouvertes et toujours noires, comme les babines.

Oreilles . . . . De grandeur moyenne, attachées passablement haut, avec une conque fortement développée, tombant légèrement vers le bas, puis avec une courbe très prononcée tombant de côté contre la tête, sans aucun pli. Elles sont fines et se terminent en triangle arrondi; la partie antérieure s'appliquant bien contre la tête, la partie postérieure s'éloignant un peu quand le chien est en éveil. Des oreilles faiblement attachées, s'appliquant de suite contre la tête, donnent à celle-ci une forme ovale et enlèvent l'expression caractéristique, tandis qu'une base fortement développée donne à la tête plus de grandeur et d'expression.

Yeux . . . . Sont placés plus en avant que de côté, de grandeur moyenne, bruns ou brun-noisette, avec une expression intelligente et affectueuse, modérément profonds; les paupières inférieures ne se ferment généralement pas entièrement et forment dans le coin intérieur un pli anguleux. Des paupières trop pendantes avec des glandes lacrymales proéminentes ou des conjonctives trop enflées et d'un rouge sang sont condamnables.

Cou . . . . Attaché haut, très fort, porté horizontalement quand le chien est en éveil, autrement légèrement incliné vers le bas. La transition de la tête à la nuque est indiquée par un pli bien marqué.

Nuque très musclée et légèrement arquée rendant le cou assez court.

Les fanons bien développés, mais sans exagération.

Épaules . . . . Sont obliques et larges, très musclées et fortes.

Garrot bien développé.

« BARRY »

appartenant à M. U. Tuchschmid, Romanshorn. (Gravure extraite du Journal *Chasse et Pêche*.)

Poitrine . . . . Bien arrondie, assez profonde, la partie inférieure ne doit pas dépasser les coudes.

Dos . . . . Large, légèrement arqué sur les reins, tout droit jusqu'aux hanches, et ravalé imperceptiblement vers la naissance de la queue.

Croupe. . . . . Bien développée, cuisses très musclées.

Ventre . . . . Très visible près des reins et très peu relevé dans la région lombaire.

Queue . . . . Forte et grosse à la naissance, elle est longue et lourde et finit en pointe forte. Au repos, elle pend droite vers la terre, légèrement relevée au dernier tiers de sa longueur (il en est ainsi chez tous les chiens de l'Hospice du Saint-Bernard, d'après d'anciens tableaux) et présente alors la forme d'un *f*. Lorsque l'attention du chien est éveillée, il porte la queue légèrement relevée vers le haut; mais elle ne doit jamais être portée enroulée sur le dos. On admet, tout au plus, que la pointe soit légèrement enroulée.

Avant-bras . . . . . . Très fort et bien musclé.

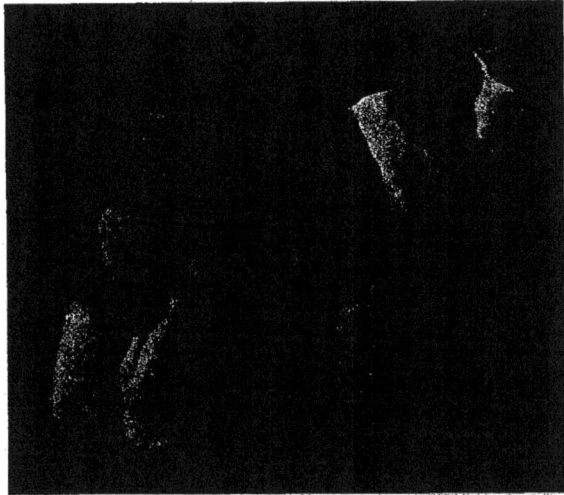

« SIR BEDIVERE »

appartenant à M. C. A. Pratt, Lincoln, (Gravure extraite du Journal *Het Sportblad*.)

« NÉRON »

appartenant à M. A. H GROVES, Paris. (Gravure extraite du Journal *L'Acclimatation*.)

Pattes de devant . . .	Droites et fortes.
Pattes de derrière . . .	Légèrement arquées dans les jarrets et suivant le développement pourvues de griffes de Saint-Hubert, ou ergots simples ou doubles; vers le pied, plus ou moins tournées en dehors, sans toutefois former des jarrets de bœuf.
Pieds	Larges, moyennement fermés, pourvus d'ongles forts et bien courbés. Les ergots simples ou doubles sont placés à la hauteur du dessus de la plante du pied, de telle sorte que le pied paraît plus large et ne s'enfonce pas si facilement dans la neige.

Certains chiens ont aux pattes de derrière un cinquième doigt, régulièrement formé. Les ergots qui se trouvent à la partie intérieure des pattes de derrière, n'ont pas de valeur quand le chien est jugé à une exposition.

17

« YOUNG BARRY » appartenant au Dr Th. Kunzli, St-Gallen. (Gravure extraite du Journal *Zentralblatt.*)

Nichée de Saint-Bernards à poil long appartenant au Major J. Blosch, Biel. (Gravure extraite du Journal *Der Hunde-Sport.*)

« CHAMPION PLINLIMMON »

appartenant à M. H. CHAPMAN, Londres. (Gravure extraite du Journal *Chasse et Pêche*.)

Poil . . . .   De longueur moyenne, très légèrement ondulé; ni bouclé, ni frisé, ni crépu. Ordinairement, le poil sur le
dos, notamment depuis les hanches jusqu'à
la croupe, est plus ondulé, ce qui est, du
reste, légèrement accusé aussi chez le chien
à poil ras et même chez celui de l'Hospice.

La queue est très fournie, mais de longueur
moyenne. Du poil frisé ou bouclé dans la
queue n'est pas désirable. Une queue dont le
poil se sépare sur le dos ou qui forme un
panache constitue un défaut.

Le museau et les oreilles sont souvent couverts d'un poil court et fin, plus long et
soyeux à la base de l'oreille.

"GRACE AND DIGNITY,"

Les pattes de devant ont une légère frange et les cuisses
sont bien culottées.

Couleur . . . .   Blanc et rouge ou rouge et blanc; le rouge dans ses
diverses nuances; blanc avec des taches bringées jaune

« HERO VON HIRSLANDEN »
appartenant à M. E. JOERIN-GERBER. (Gravure extraite du Journal *Zentralblatt*.)

« BARON OTHMAR ».
appartenant à M. J. ROYLE, Manchester. (Gravure extraite du Journal *Our Dogs*.)

« CAMPAIGNER »
appartenant à Mᵐᵉ J. Hannay, Londres.
(Gravure extraite du *Ladies' Kennel Journal*.)

« BRUTUS »
appartenant à M. A. Latz, Euskirchen.
(Gravure extraite du Journal *Het Sportblad*.)

fauve ou gris-brun, ou ces couleurs avec des marques blanches. Les couleurs rouge, jaune fauve et gris-brun ont une égale valeur. Le dessin indispensable est : poitrine, pieds, pointe de la queue, le dos du museau, le collier et le chanfrein de couleur blanche. — Jamais unicolore ou sans blanc. — Toutes les autres couleurs sont des défauts, sauf la nuance foncée à la tête (masque) et aux oreilles.

Hauteur au garrot . . .   Pour les chiens, un minimum de 70 centimètres, et les chiennes, un minimum de 65 centimètres.

Les chiennes, en général, sont bâties plus légèrement.

Poids . . . .   De 55 à 80 kilogrammes.
Origine . . . .   Suisse.
Défauts . . . .   Tout ce qui peut rappeler un croisement avec le Terre-Neuve, comme un dos trop long ou ensellé, les jarrets trop arqués, ou trop de longs poils entre les doigts.

Les clubs et l'échelle des points sont les mêmes que pour la variété à poil ras.

Leonberger Hund.

CHIEN DE LÉONBERG.

Apparence générale et action.	Un grand chien d'aspect imposant par son beau poil, la bonne proportion de sa tête et de son corps, l'agréable couleur de sa robe et ses mouvements élégants; chez qui, hormis la grandeur, toute exagération est exclue; dénotant plus d'utilité et d'intelligence que d'autres races à la mode.
Tête	Légèrement voûtée, l'os occipital bien développé, mais sans exagération; vue de profil, ni trop étroite, ni trop large, ronde près des tempes; une large raie ou dépression, sans cassure, va de la tête jusqu'à l'os nasal. Joues peu saillantes. L'arcade sourcilière bien modelée. L'os nasal d'égale largeur depuis les yeux jusqu'à la truffe et tombant droit des deux côtés; en profil, un peu voûté, jamais enfoncé, plutôt un nez de bélier qu'un nez retroussé, de la même longueur que l'arrière-tête (de préférence plus long que plus court).
	Lèvres passablement profondes, pas pointues, en angle droit avec l'os nasal. Le coin de la bouche marqué sans exagération. La peau du museau bien tendue, sans plis. La peau de la tête forme des plis quand le chien est en éveil.
Nez	Large, bien modelé, avec de larges narines et toujours noir.
Dents	Mâchoires fortes et dents s'adaptant bien.
Oreilles	Hautes et pas attachées trop en arrière, de grandeur moyenne, légères, aussi larges que longues, joliment arrondies et bien couvertes de poils; le bord antérieur s'appliquant bien contre les joues, très mobiles; quand le chien écoute les oreilles sont légèrement relevées et le bord postérieur s'éloigne de la tête.
Yeux	De grandeur moyenne, placés de côté, avec un regard franc, affectueux et intelligent, de couleur brune. Les paupières se ferment bien.

Cou . . . .   Passablement long, rejoignant la tête aux épaules par une jolie courbe, attaché haut, bien musclé; la peau du cou pas trop large, sans fanons.

Avant-main . . . . . .   La musculature de l'épaule et de l'avant-bras doit être bien visible sous la robe de l'animal. Épaules obliques et longues. Avant-bras à angle droit avec l'épaule, fortement musclé, contre la poitrine, de bonne longueur et se mouvant facilement. Coudes bien placés sous le corps, dépassant un peu la profondeur du poitrail. Sous-bras bien musclé devant et sur le côté antérieur; du côté intérieur et derrière, bien tendineux. Le métacarpe long et bien développé, assez bas. Pieds fermés, bien marqués dans les courbures, moins courts que des pieds de chat, mais moins longs que des pieds de lièvre. Pattes de devant bien droites, placées ni trop écartées, ni trop serrées.

Corps . . . .   Paraissant long à cause des épaules obliques; le dos et les reins sont néanmoins courts. Poitrine ovale, profonde, avec les côtes largement tournées en arrière. L'os sternal fortement développé. Dos de bonne largeur, tout à fait horizontal jusqu'aux hanches. Les hanches fortes, courtes et profondes. Ventre peu relevé.

« AMOUR »

appartenant à Mme J. KOLPAKOFF, Warchau. (Gravure extraite du Journal L'Éleveur.)

Le chien de Léonberg idéal, d'après le peintre allemand A. KULL.

Train de derrière . . . Croupe pleine et fortement musclée. Hanches longues, larges et placées obliquement. Racine de la queue profonde. Cuisses courtes et bien musclées. Jarret long et formant un angle droit avec la cuisse, fort, tendineux, plutôt pliant que raide. Pieds plus courts que ceux de devant et moins serrés.

Les ergots doivent être coupés quand le chien est jeune.

Queue . . . . Mise assez profondément, forte et longue, très couverte de poil et ayant un beau panache. Au repos, pendante et légèrement courbée; en action, portée avec une belle courbure, mais sans former un anneau fermé; elle ne peut pas être portée sur ou au-dessus du dos.

Poil . . . . Bien fourni, avec le sous-poil très dense. Le poil long et souple, mais faisant bien voir le contour du corps (pas comme chez le Collie dont le poil pend lourdement de côté). Sur la tête le poil est plat avec une jolie frange aux oreilles. Collier richement garni, rayonnant autour de la tête. Sur l'épaule et le dos le poil est plus court et uni. Sur la poitrine et les hanches le poil est plus développé; il forme sur les cuisses une raie bien visible. Les pattes de devant, depuis les coudes jusqu'aux pieds, ainsi que les pattes de derrière jusqu'aux jarrets, sont garnies de longs poils. L'intérieur et la partie antérieure des pattes garnis de poils courts.

18

Couleur . . . . Du jaune sale au rouge, souvent avec des ombres noires ou plus distinctes, qui font ressortir les formes du corps. Les couleurs du loup avec le crâne et le contour des yeux plus foncé sont très recherchées; cela donne une expression intelligente sans rendre le regard ténébreux. Babines et bords des oreilles noirs. Collerette plus claire. Epaules foncées; entre les épaules et le dos le poil est plus clair; sur le dos, une selle foncée. Côtés des cuisses et le dos de la queue foncés. Poitrine, poils des pattes de devant, ventre, culotte et panache de la queue clairs. A distinguer la couleur or et argenté de loup. Les chiens de couleur à masque noir sont recherchés. Les taches blanches sont exclues, mais une petite étoile à la poitrine et un peu de blanc aux doigts de pieds sont encore à excuser.

Hauteur au garrot. . . Une hauteur considérable est une qualité nécessaire; elle doit être pour le chien d'au moins 80 centimètres et pour la chienne de 70 centimètres. Chez ces dernières, une bonne conformation et des reins solides sont plus

« MARKO »

appartenant à M. J. ZORN, à Gänseheide. (Gravure extraite du Journal *Der Hunde-Sport*.)

« MARCO »

appartenant à M. C. Gouté, Nantes. (Gravure extraite du Journal *L'Acclimatation*.)

essentiels. Le grand poids n'a pas de valeur, le chien devant être musclé et de bonne ossature sans être trop lourd.

Défauts . . . . Tout ce qui ressemble à un croisement avec le Saint-Bernard. Crâne épais, cassure prononcée, l'os nasal court ou enfoncé, lèvres pendantes, paupières pendantes, plis sur le museau, yeux loin l'un de l'autre et placés en avant, structuré trop lourde, mauvais poil, pattes de devant et de derrière écartées, croupe trop massive, queue portée sur le dos, trop de blanc, poil bouclé. A remarquer que si le chien est peu soigné le poil se boucle un peu. Un crâne épais, sans cassure, avec des yeux placés de côté, n'annonce pas un croisement avec le Saint-Bernard, mais avec une grande race de chien à poil long.

« PATAUD »
appartenant à M. J. PETIT-DERAUCELLE, Paris.

Origine . . . . Allemande.

Internationaler Klub für Leonberger Hunde.

Président : ALB. KULL . . . . Stuttgart.
Secrétaire : J. SCHLEGEL . . . . Stuttgart.

Entrée : 3 Mark ;
Cotisation : 3 Mark.

Chien des Pyrénées.

Apparence générale . . . Un chien de grande taille, fortement charpenté.

Tête . . . . En comparaison de la taille, pas trop forte.

Crâne . . . . Légèrement bombé.

Museau . . . . Pas trop carré, plutôt légèrement pointu, le *stop* est peu visible.

Yeux . . . . Petits et de couleur brun-ambre.

Nez . . . . Assez développé et toujours noir.

Lèvres . . . . Les lèvres et les babines sont noires.

Oreilles . . . . De moyenne grandeur, de forme triangulaire et tombantes.

« DIANE » et « NÉRON »

appartenant à Mᵐᵉ DEMAZIÈRE, Bruxelles.

Dents . . . . Fortes et s'adaptant bien.

Cou et épaules . . . . Assez court, mais trapu; les épaules sont obliques et fortes; le garrot bien musclé.

« NÉRON »

appartenant à M. L. RÉMY, Bruxelles.

Poitrine	Assez profonde et bien arrondie, pas trop descendue.
Dos	Légèrement courbé, pas ensellé, assez largé et puissant.
Ventre	Peu relevé, reins bien musclés.
Corps	Fort et bien charpenté.
Pattes	Droites et fortes, de bonne ossature.
Pieds	Ronds et larges.
Queue	Longue et très touffue, formant panaché, portée bas.
Poil	Demi long et droit, serré et bien couché.
Couleur	Blanche (quelquefois tacheté de jaune citron aux oreilles).
Hauteur au garrot . . .	Environ de 65 à 75 centimètres.
Poids	Environ de 60 à 70 kilogrammes.
Origine.	Pyrénéenne.

ÉCHELLE DES POINTS.

Apparence générale	25
Tête	15
Yeux	10
Oreilles	10
Corps	20
Pattes	10
Poil et couleur	10
TOTAL. . .	100

« PEGGOTY », Saint-Bernard, à Mlle C. DUTTON, Springhall.
« SULTAN II », Barzoi, à M. A. MORRISON, Eastbourne.
« IVANHOE », Dogue allemand, à M. J. ADCOCK, Kimoulton.
(Gravure extraite du livre *The Dog Owner's Annual.*)

« DIANE » et « NÉRON »

appartenant à Mme DE MATIÈRE et M. L. REMY, Bruxelles. (D'après un tableau de Mlle ZÉLIA KLERK.)

Exposition canine, système ancien

Exposition canine, système Spratt

New-Foundland.

CHIEN DE TERRE-NEUVE.

Apparence générale . . . . Le chien donne une impression de force et de grande activité. Il doit se mouvoir avec aisance, le corps se balançant entre les pattes de telle manière qu'une démarche un peu roulante ne doit pas être considérée comme une faute; mais, par contre, un dos faible ou ensellé, des reins lâches et des jarrets de bœuf sont des défauts sérieux.

Tête . . . . Large et massive, le crâne plat, l'os occipital bien développé, la cassure du nez (*stop*) peu prononcée, le museau court, coupé net et plutôt carré de forme et couvert d'un poil court et fin.

« BOODLES, ESQ. »

appartenant à Mme J. Crosfield, Londres. (Gravure extraite du Journal *The Stock-Keeper*.)

« *A Distinguished Member of the Royal Humane Society* »

d'après le peintre anglais A. LANDSEER. (Gravure extraite du livre *The Dog Owner's Annual*.)

Yeux	Petits et de couleur brun foncé, placés assez profondément dans la tête, mais ne laissant pas voir l'intérieur de la paupière inférieure et placés assez loin l'un de l'autre.
Nez	Grand et toujours noir.
Oreilles	Petites, attachées bas, formant un rectangle avec le crâne, rapprochées de la tête et couvertes d'un poil court sans frange.
Cou	Large, puissant et bien garni d'un poil plus long sans former collier.
Poitrine	Profonde et assez large, bien couverte de poils, mais pas assez pour former jabot.
Dos	Large et puissant.
Corps	Avec de fortes côtes, dos large, cou puissant et bien mis entre les épaules, reins bien musclés.

« MARINER »

appartenant à M. C. C. RALLI, Londres. (Gravure extraite du Journal *Chasse et Pêche*.)

Ossature	En général, très massive, sans donner une apparence de lourdeur et d'inactivité.
Pattes de devant. . . .	Parfaitement droites, très musclées, coudes appliqués contre le corps, bien descendus et frangés du haut en bas.
Pattes de derrière . . .	Très fortes et ayant beaucoup de liberté dans leurs mouvements; elles sont peu frangées et légèrement courbées dans les jarrets. Des reins faibles et des jarrets de bœuf sont de grands défauts. Les ergots sont condamnables et doivent être amputés.
Pieds	Larges et bien formés. Des pieds ouverts *splay-feet* et tournés en dehors sont des défauts.
Cuisses.	Bien formées.

« LORD NELSON »

appartenant à M. E. NICHOLS, Londres. (Cliché gracieusement prêté par le *Kennel Club Hollandais Cynophilia*.)

Queue . . . . De longueur moyenne, de façon à dépasser quelque peu le niveau du jarret; assez grosse et bien couverte de poils; mais ne formant pas de panache.

« THOR II »
appartenant à Mlle A. CHAMBER, Torquay.
(Gravure extraite du *Ladies' Kennel Journal*.)

Quand le chien est au repos et non excité, la queue pend droite vers la terre avec une légère courbure vers le bout; mais quand le chien est en mouvement, elle est portée un peu plus haute et lorsque le chien est excité par une cause quelconque, il la tient horizontale avec une légère incurvation à l'extrémité.

Une queue recourbée, ou portée en trompette ou sur le dos, est un grave défaut.

La queue est plus grosse à la naissance qu'à la pointe. Une queue trop longue ou portée de travers, ôte au chien son impression de force et de grande activité.

Poil . . . . Bien couché et serré, dur au toucher et huileux de nature afin de ne pas donner passage à l'eau.

Brossé à rebours, il reprend aussitôt sa place.

« CHAMPION PRINCE CHARLIE »
appartenant à M. W. F. BAGNALL, Londres.
(Cliché gracieusement prêté par le *Kennel Club Hollandais Cynophilia*.)

« FROTHO »

appartenant à M. E. Dubois, Augsburg. (Gravure extraite du Journal *Der Hunde-Sport.*)

Couleur	*Noir jais.* — Une teinte bronzée ou une tache blanche à la poitrine ou sur les doigts de pieds n'est pas condamnable. *Noir et blanc ou blanc et noir.* — La proportion des taches, leur distribution et leur dessin sont des points à prendre en considération. Cette variété est nommée « le type de Landseer », d'après le célèbre peintre anglais. *Bronze.* — La robe doit être unicolore comme pour le noir jais.
Hauteur au garrot . .	Une bonne taille est recherchée, pourvu que la symétrie n'en souffre point. La taille moyenne est pour le chien de 70 centimètres et pour la chienne de 65 centimètres
Poids	Un bon poids est voulu pour autant que la bonne harmonie des proportions n'en soit pas gâtée. Le poids moyen est de 50 kilogrammes pour un chien et de 40 kilogrammes pour une chienne.
Origine	Américaine (?).

ÉCHELLE DES POINTS.

Apparence générale 10
Tête et expression. 15
Cou et poitrine. 10
Dos et reins. 10
Pattes et pieds 15
Queue 10
Poil et couleur. 20
Hauteur 10

TOTAL. . . 100

New-Foundland Club (ANGLAIS).

Président : E. NICHOLS . . . . Londres.
Secrétaire : W. E. GILLINGHAM . . 352, King Street, Londres.
Entrée : £ 1. 1 Sh. ;
Cotisation : £ 1. 1 Sh.

Neufundländer Klub (CONTINENT).

Président : Dr G. HERTING . . . . Augsburg.
Secrétaire : JUL. SCHURER. . 79, Haunstetterstrasse, Augsburg.
Cotisation : 20 Mark.

« CHAMPION BLACK PRINCE »
appartenant à M. J. W. BENNET, Londres.

Labrador Dog.

CHIEN DE SAINT-JOHN.

Apparence générale . .	Chien de moyenne grandeur, fort et vigoureux, à charpente solide et résistante; grand nageur et plongeur.
Aptitudes	Un chien de luxe employé quelquefois à la chasse.
Tête	Forte et assez courte.
Crâne	Large, assez plat, avec une légère inclinaison au milieu, de longueur moyenne; les arcades sourcilières légèrement développées; l'os occipital peu développé.
Yeux	De grandeur moyenne, de forme ovale, couleur brune, très intelligents et doux.
Nez	Toujours noir et large, les narines bien développées.
Dents	Egales, fortes et s'adaptant bien.
Babines	Légèrement pendantes et arrondies.
Oreilles	Assez larges à la base, se terminant en triangle arrondi et couvertes d'un poil de même texture que le reste du corps, ce qui fait paraître les oreilles plus grandes qu'elles ne le sont.
Cou	Très musclé et pas trop court.
Epaules	Obliques et larges.
Poitrine	Ronde et profonde, pas trop large, donnant de la place aux épaules plus développées.
Dos	Fort, large et horizontal.
Ventre	Très peu relevé dans la région lombaire.
Reins	Musclés et bien développés, les côtes de derrière placées assez profondes.
Corps	Bien charpenté, dénotant la force et l'endurance.
Cuisses	Bien musclées et jambonnées.
Pattes	Droites et fortes, d'ossature assez massive.
Pieds	Larges et ronds, bien garnis de poil entre les doigts.
Queue	De longueur moyenne, relativement grosse et lourde, garnie de poil assez long, mais ne formant pas de frange. Portée assez haut quand le chien est en mouvement, mais jamais sur le dos; quand le chien est au repos, la queue pend avec une légère courbe à la pointe.

« AVON », « NERO » et « GYP »

appartenant au Duc de Buccleuch, Bowhill. (Gravure extraite du Journal *The Field*.)

« JOHNNIE »

appartenant à M. Bond Moore, Londres.

Poil	Très épais, demi long et couché assez plat, très huileux.
Couleur	Noir zain.
Hauteur au garrot. . .	De 60 à 65 centimètres.
Poids	Environ 45 kilogrammes.
Origine.	Américaine.
Défauts	Toute autre couleur que le noir, tête longue, poil trop long, soyeux ou bouclé.

ÉCHELLE DES POINTS.

Crâne	15
Nez et mâchoires	5
Yeux et oreilles	5
Cou	5
Épaules et poitrine	10
Dos et reins.	10
Pattes et pieds	20
Queue	10
Poil	10
Couleur	10
TOTAL. . .	100

$\mathbf{M}$astiff.

MATIN.

Apparence générale . .	Un chien grand, lourd, massif, vigoureux, à charpente solide, combinant la grandeur, la bonne humeur, le courage et la docilité.
Tête	Ayant, vue de tous les côtés, une apparence carrée. Une grande largeur est désirée; elle doit être, en comparaison de la longueur de la tête, comme 2 : 3.
Crâne	Large entre les oreilles, front plat bien sillonné de rides quand l'attention est éveillée. Arcades orbitaires légèrement arquées. Muscles des tempes et des joues bien développés. Le dessus du crâne légèrement aplati, avec une dépression sur la ligne médiane du front entre les yeux jusqu'à la moitié du pli en forme de flèche.

« BEAU BOY »
appartenant à M. W. DE HAAN, Transvaal.

« CHAMPION ORLANDO »
appartenant à M. H. VAN DOORNE, Londres.

(Clichés gracieusement prêtés par le *Kennel Club Hollandais Cynophilia*.)

Museau	Court, large au dessus des yeux et presque horizontal en largeur jusqu'au bout du nez; coupé carré et formant ainsi un angle droit avec le chanfrein; grande profondeur de la pointe du nez à la mâchoire inférieure.
	Mâchoire inférieure large jusqu'à son extrémité.
Dents	Dents canines *saines, fortes* et assez séparées; les incisives régulières; les dents de la mâchoire inférieure dépassent légèrement celles de la mâchoire supérieure, mais sans que cela soit visible quand la gueule est fermée.
Nez	Large et toujours noir; les narines, vues de face, bien ouvertes; de profil, non retroussées.
Lèvres	Assez pendantes, de manière à rendre le bas de la face bien carré.
Mesures de la tête . .	La longueur du museau, comparée à celle de la tête entière, est comme 1 : 3.
	La circonférence du museau (mesurée entre les yeux et le nez), est à celle de la tête (mesurée devant les oreilles), comme 3 : 5.
Yeux	Petits et placés assez loin l'un de l'autre, à une distance égale au double du diamètre de l'œil.
	Couleur brun-noisette, aussi foncée que possible; l'intérieur de la paupière inférieure doit être invisible.

« ILLFORD CROMWELL »

appartenant à M. R. Cook, Londres. (Cliché gracieusement prêté par le *Kennel Club Hollandais Cynophilia*.)

« PETER PIPER »

appartenant à M. J. ROYLE, Manchester. (Gravure extraite du Journal *Our Dogs*.)

« ELDEE'S DUKE »

appartenant à M. L. R. H. Dobbelmann, Rotterdam.

« CHAMPION BEAUFORT »

appartenant à M. W. K. TAUNTON, Londres. (Gravure extraite du livre *The Dog Owner's Annual*.)

Stop	Bien marqué, sans être trop abrupt.
Oreilles	Petites, minces au toucher, très écartées et plantées au plus haut point des côtés du crâne, afin de continuer la ligne extérieure de celui-ci ; couchées contre les joues quand le chien est au repos.
Cou	Légèrement arqué, assez long, très musclé et mesurant en circonférence environ 2 1/2 à 5 centimètres de moins que le crâne mesuré devant les oreilles.
Épaules	Légèrement obliques, fortes et musclées.
Poitrine	Large, profonde et bien placée bas entre les pattes de devant.

Côtes arquées et bien arrondies ; fausses côtes profondes et bien placées en arrière contre les hanches.

La circonférence doit avoir un tiers de plus que la hauteur au garrot.

| Dos et reins | . . . . | Larges et musclés; plats et très larges chez la chienne et légèrement arqués chez le chien. |

Grande profondeur aux flancs.

| Corps | . . . . | Massif, large, profond, fortement charpenté, supporté par des pattes de bonne ossature, fixées assez loin l'une de l'autre et bien sous le corps. |

Les muscles sont fortement développés.

« PRINCESS IDA »

appartenant à M. E. Nichols, Londres. (Gravure extraite du Journal *Chasse et Pêche*.)

« MOSES »

appartenant à M. E. Evans, Londres. (Gravure extraite du Journal *Chasse et Pêche*.)

« ELDEE'S MAID »

appartenant à M. G. DEETMAN, Amsterdam. (Gravure extraite du Journal *De Nederlandsche Sport*.)

Une bonne grandeur est très désirée, mais sans exagération.

La hauteur et la structure sont des points importants pour juger le chien.

Pattes de devant . . . Droites, fortes et bien écartées l'une de l'autre, ossature très forte et lourde.

Coudes carrés; paturons droits.

Pieds de devant . . . . Grands et ronds. Doigts bien arqués. Ongles noirs.

« CHAMPION BEAUFORT'S BLACK PRINCE »
appartenant à M. W. NORMAN HIGGS, Londres. (Gravure extraite du Journal *Our Dogs*.)

« ELDEE'S DUKE »
appartenant à M. L. R. H. DOBBELMANN, Rotterdam.

« BOATSWAIN »

appartenant à M. Hartenstein, Plauen. (Gravure extraite du Journal *Zentralblatt*.)

Pattes de derrière . . .	Larges et musclées avec des cuisses bien développées, jarrets courbés, écartés l'un de l'autre et bien carrés quand le chien est debout ou se promène.
Pieds de derrière . . .	Ronds; ongles noirs.
Queue	Attachée haut, tombant jusqu'aux jarrets ou un peu plus bas, large à la naissance et s'effilant jusqu'à la pointe, portée tombante quand le chien est au repos et courbée, la pointe en haut, lorsque le chien est animé; jamais courbée sur le dos.
Poil	Court et couché; mais pas trop fin sur les épaules, le cou et le dos.

« MAX VAN ROTTERDAM »
appartenant à M. L. R. H. DOBBELMANN, Rotterdam.
(Cliché gracieusement prêté par la Société cynégétique *Nimrod*.)

Couleur	Abricot, fauve argenté ou bringé foncé. Dans tous les cas, le museau, les oreilles et le nez sont noirs. Les paupières sont noires et le noir s'étend vers le front en formant le masque.
Hauteur au garrot . . .	Environ 70 centimètres.
Poids	Environ 75 kilogrammes.
Origine.	Anglaise.
Défauts	Tout ce qui n'est pas conforme à ces points.

« BEAUFORT I »
appartenant à M. J. EVANS, Londres.

ÉCHELLE DES POINTS.

Apparence générale	10
Corps	10
Crâne	12
Museau	18
Oreilles	4
Yeux	6
Poitrine et côtes	8
Dos et reins.	8
Pattes et pieds de devant	6
Pattes et pieds de derrière	10
Queue	3
Poil et couleur.	5
TOTAL. . .	100

« LEO »

appartenant à M. L. Aubel, Paris. (Gravure extraite du Journal *L'Acclimatation*.)

« THE PRINCESS »

appartenant à M. E. Nichols, Londres. (Gravure extraite du Journal *Chasse et Pêche.*)

Old English Mastiff Club.

Président : Lord ARTHUR CECIL. . . . . /. Inverleithen, N. B.
Secrétaire : W. NORMAN HIGGS, 146, Highbury New Park . . . . Londres, N.
Entrée : £ 1. 1 Sh.;
Cotisation : £ 1. 1 Sh.

Northern Old English Mastiff Club.

Président : W. H. WATTS. . . . . Liverpool.
Secrétaire : HENRY CLAY . . . . 36, Slater Street, Liverpool.
Cotisation : 10 Sh. 6 d.

Dansk Hund.

CHIEN DANOIS.

Apparence générale . . . Un chien assez grand, le devant très vigoureux, l'arrière-train comparativement plus faible, la tête grande et large, le cou fort, la poitrine large, le dos un peu courbé; la tête se porte généralement droite, ou plutôt un peu inclinée vers la terre; la queue est portée droite pendant la course, sinon suspendue vers le bas et légèrement courbée en haut; les mouvements sont tranquilles, même un peu lents.

Crâne . . . . Légèrement bombé, l'os occipital pas trop prononcé.

Le chien danois idéal, d'après le peintre allemand J. BUNGARTZ.
(Gravure extraite du *Illustrirtes Muster Hunde Buch.*)

« ROLF »

appartenant au Jardin Zoologique de Copenhague. (Gravure extraite du Journal *Der Hunde-Sport.*)

Tête . . . . Comparativement grande et large, la ligne du front un peu plus haute que la ligne du nez, quelquefois parallèle à celle-ci ; le front très large et vigoureux ; les lèvres bien tombantes et pendantes ; la mâchoire inférieure aussi longue que la mâchoire supérieure ; les muscles maxillaires fortement développés ; la peau sous le cou fortement pendante et formant un fanon.

Nez . . . . Toujours noir, pas trop court, légèrement arqué et large.

Oreilles . . . . Assez petites, lisses, appliquées assez haut par derrière, jamais coupées et pas papillonnées.

Yeux . . . . Ronds, bruns, d'une expression aiguë, mais bonne et tranquille, jamais profonds, ne laissant pas voir la partie interne de la paupière inférieure.

Cou . . . . Très fort et vigoureux, légèrement arqué.

Poitrine . . . . Très large et vigoureuse, les parties osseuses fortement développées et assez baissées.

Dos . . . . Long, légèrement courbé, mais bien développé près des reins ; la croupe un peu inclinée.

« LÖGSTÖR » et « SKJERME »

appartenant à MM. J. Christiansen et A. Schmidt, Nykjøbing. (Gravure extraite du Journal *Chasse et Pêche*.)

Pattes de devant . . .	Fortes et vigoureuses, l'avant-bras très musclé; vues de devant, très faiblement courbées; de profil, bien droites.
Pattes de derrière . . .	Un peu moins développées que celles de devant, les muscles également plus faibles, le jarret assez fortement courbé.
Pieds	Ronds, forts, les doigts voûtés et bien rapprochés, ongles vigoureux et courbés.
Queue	De longueur moyenne, large à la racine, le poil doit être de longueur uniforme; portée pendante, quelquefois en arrière; mais jamais en trompette.
Poil	Très court et dense, toujours lisse et couché.
Couleur	Fauve ou jaune sale; le museau, les oreilles et les sourcils toujours foncés.
Hauteur au garrot . . .	Environ 75 centimètres.
Poids	Environ 60 kilogrammes.
Origine	Danoise.
Défauts	Oreilles trop longues, museau pointu, front montant, os occipital trop proéminent, yeux profonds, paupière inférieure pendante, poitrine faible et étroite, construction légère, pattes de derrière trop droites ou des jarrets de bœuf; queue portée en trompette et couverte de poil trop long.

Dansk Jagtforenings.

Président : J. REEDTS THOTT . . . . Gauno.
Secrétaire : L. JUSTESEN . . . . Nykjobing.
Cotisation : 10 Krone.

« HARRAS II »

appartenant à M. B. Ulrich, Nuremberg. (Gravure extraite du Journal *Der Hunde-Sport*.)

Die Deutsche Dogge.

DOGUE ALLEMAND (1).

Apparence générale. . . . Le Dogue allemand combine dans son apparence générale plus de grandeur, de force et d'élégance que toute autre race de chien. Il n'a ni la lourdeur, ni l'épaisseur du Mastiff, ni la charpente longue et sèche du Lévrier; il tient le milieu entre ces deux extrêmes.

Il est grand, avec une charpente forte mais en même temps élégante, une démarche fière et un pas allongé.

« MENTOR II »

appartenant à M. S. Cohn, Berlin. (Cliché gracieusement prêté par le *Kennel Club Hollandais Cynophilia*.)

---

(1) *Note de l'auteur.* — Nommé par erreur Grand Danois ou Dogue d'Ulm.

« RISOLDA »

appartenant à M. O. Herelman, La Haye. (Gravure extraite de *Elsevier's Geillustreerd Maandschrift.*)

(Gravure extraite du Journal *Nederlandsche Hondensport.*)

La tête et le cou sont portés droits; la queue, généralement basse au repos, est relevée en action, et dans ce dernier cas, elle doit se courber légèrement, mais en se relevant le moins possible.

Tête . . . . Modérément allongée, paraissant plutôt haute et mince, que large et plate. Le front, vu de profil, est assez séparé de l'os nasal et suit celui-ci jusqu'au haut de la tête, soit parallèlement, soit avec une très légère courbe.

Le front, vu de face, n'est pas beaucoup plus large que le museau qui est très développé. Les muscles des joues ne sont pas très accusés. La tête, vue de tous les côtés, est anguleuse et bien définie dans ses lignes extérieures.

Nez . . . . Grand, la ligne du museau droite ou légèrement courbée.

Lèvres et mâchoires . . Les lèvres sont coupées droites sur le devant et ne sont pas trop pendantes; elles ont cependant un pli prononcé à l'angle de la gueule.

La mâchoire inférieure n'est ni proéminente, ni trop courte.

Yeux . . . . De moyenne grandeur, avec le regard décidé.

L'arcade sourcilière bien développée.

Oreilles . . . . Attachées haut et pas trop loin l'une de l'autre; pointues et droites si elles sont écourtées.

Cou	Long, fort et légèrement courbé; le cou est bien rattaché au corps, il va en s'effilant de la poitrine à la tête, sans fanon et sans plis trop développés à la gorge.
Épaules	Longues et placées obliquement.
Poitrine	De largeur moyenne, bien voûtée, allongée et profonde par devant, si possible touchant les coudes.
Corps	Dos de moyenne longueur, légèrement courbé près des reins.

« AURORA EX FLORA »
appartenant à M. L. GHEUDE.

Croupe courte et peu tombante et se rattachant à la queue par une ligne gracieuse.

Vu de dessus, le dos est large, joignant parfaitement avec les côtes bien arrondies; les reins sont fortement développés.

Ventre bien relevé par derrière et formant une ligne gracieuse avec le dessous de la poitrine.

« SARAH »
appartenant à M. J. ZIEBERT, Munich. (Gravure extraite du Journal *Der Hunde-Sport.*)

« SCHWALBE », « OTTER », « FAUST », « GOLDPERLE », « VENUS »

appartenant à M. M. HARTENSTEIN, Plauen. (Gravure extraite du Journal *Der Hunde-Sport.*)

« LEO »

appartenant à M. J. MULLER, Stuttgart. (Gravure extraite du livre *Die Deutsche Dogge*)

« ILKA »

appartenant à M. A. ULRICH Doos, Nuremberg. (Gravure extraite du Journal *Zwinger und Feld*.)

Pattes de devant . . .	Coudes bien inclinés, formant un angle droit avec les épaules et ne s'inclinant ni en dedans ni en dehors; avant-bras musclé; toute la patte est forte; vue de devant, elle paraît légèrement courbée par suite de la musculature fortement développée; vue de profil, elle est complètement droite jusqu'au pied.
Pattes de derrière . . .	Cuisses musclées, jarrets longs et forts, formant un angle peu obtus avec la plante du pied. Vus de derrière, les jarrets paraissent tout droits et ne dévient ni intérieurement, ni extérieurement.
Pieds	De forme ronde, tournés ni en dedans, ni en dehors; les doigts bien arqués et fermés, les ongles très forts et recourbés. Les ergots ne sont pas recherchés.
Queue	De longueur moyenne, ne dépassant pas beaucoup les jarrets; elle est large et forte à l'attache, se terminant en pointe fine; jamais, même quand le chien est excité, portée sur le dos ou en trompette.

« JUNO VAN FRANEKER »

appartenant au Vicomte J. DE STYRUM, Weesp. (Gravure extraite du Journal *Nederlandsche Hondensport.*)

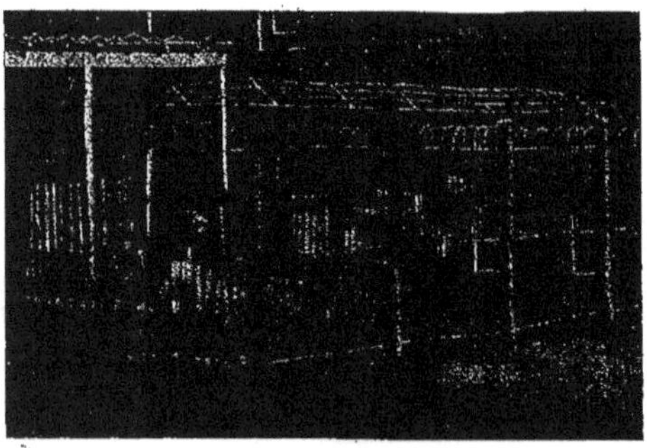

« CHENIL DUBBELSTEYN »

appartenant à M. F. A. ONDERWATER, Uccle.

Poil . . . .   Très court, dense et couché, le poil du dessous de la queue pas plus long.

Couleur . . . . . .   A. *Chiens bringés.* — Le fond de la robe est, depuis le jaune clair jusqu'au rouge-brun foncé, toujours bringé de lignes transversales noires ou foncées.

B. *Chiens unicolores.* — Jaune, bleu, gris ardoise, gris cendré, gris argenté et leurs différentes nuances, soit unicolore, soit avec un masque noir ou foncé au museau, aux yeux et une raie sur l'épine dorsale; puis tout noir ou tout blanc. Le nez, chez les chiens bringés et unicolores (à l'exception des unicolores blancs), toujours noir; yeux et ongles foncés. Les taches blanches ne sont pas admises. Chez les chiens gris, les yeux plus clairs sont admis; mais pas les yeux vairons.

« ROLAND II »
appartenant à M. J. GOUTÉ, Paris.

C. *Chiens mouchetés.* — Le fond de la robe est blanc avec des taches noires ou grises foncées, irrégulières et éparses, mais partagées proportionnellement sur tout le corps. Des taches d'autres couleurs ne sont pas volontiers admises. Chez les chiens mouchetés et unicolores blancs, les yeux vairons, le nez couleur chair ou tacheté et les ongles de couleur claire sont admis.

Hauteur au garrot . . .   Pour les chiens, de 76 à 80 centimètres; pour les chiennes, de 70 à 75 centimètres et au-dessus.

Poids . . . .   Chiens, environ 60 à 70 kilogrammes; chiennes, environ 50 à 60 kilogrammes.

Origine . . . .   Allemande.

« FÉLICITÉ » et « CIARDI II »
appartenant à M. H. J. FORMA BONNEMA, Tzummarum.

« ROMEO EX CAESAR » « DIANA DORDRECHT » « BLESS »

« LEO » « EMMA » « VICTORINE EX SELMA » « JOUBERT EX SULTAN »

« VOORWAARTS » « MACKART EX PACHA »

appartenant à M. F. A. Onderwater, Utrecht. (Gravure extraite du Journal *Het Sportblad*.)

« RISOLDA I »
appartenant à M. O. Eerelman, La Haye.

« RISOLDA II »
appartenant à M. O. Eerelman, La Haye.

« HANNIBAL II »
appartenant à M. J. Leder, La Haye.

Défauts . . . .   Front aplati ou bombé, oreilles attachées trop bas, cou
court et lourd, fanons, poitrine trop large ou trop serrée,
dos complètement plat ou ensellé, croupe trop arrondie,
queue trop basse, pattes courbées, pieds trop écartés,
queue lourde, enroulée ou garnie de long poil, couleur
roussâtre.

« HEDWIGE »

appartenant à M. H. Hood Wright, Londres. (Gravure extraite du Journal *Chasse et Pêche*.)

Nationaler Doggen-Klub.

Président : E. von Otto-Kreckwitz . . . . . . Munich.
Secrétaire : Dr J. Diesterweg . . 8, Rosenstrasse, Wiesbaden.
Cotisation : 5 Mark.

Deutscher Doggen-Klub.

Président : O. Mahrhold . . . . Berlin.
Secrétaire : E. Scheuer . . . . Mariendorf, Berlin.
Cotisation : 15 Mark.

« MACBETH »

appartenant à M. A. Latz, Ruskirchen. (Cliché gracieusement prêté par M. J. Durieux van Heyst, Apeldoorn.)

Diplôme du Kennel Club Hollandais Cynophilia

Nederlandsche Kennel Club Cynophilia

Deux grandes Expositions canines chaque année

Secrétaire : Dr A. J. J. Kloppert, Hilversum (Hollande)

Cotisation : 3 et 10 Florins

Deutscher Doggen-Zucht-Verein.

Président : Fr. Kirchbaum . . . . Berlin.
Secrétaire : M. Tietzke . . . 142, Frankfurter Allee, Berlin.
Cotisation : 10 Mark.

Württemberger Doggen-Klub.

Président : J. Jauss . . . . Stuttgart.
Secrétaire : A. Kuli. . . . . Stuttgart.
Cotisation : 3 Mark.

Nederlandsche Duitsche Doggen-Klub.

Président : Nic. Huygen . . . . Rotterdam.
Secrétaire : J. A. Velds . . 52, Goudsche Singel, Rotterdam.
Cotisation : 7.50 et 5 Florins.

Great Dane Club.

Président : F. G. Arbuthnot . . . . Londres.
Secrétaire : H. Hood Wright . . . . Londres.
Cotisation : £ 2. 2 Sh.

« ATTILA » et « ROLAND »

appartenant à M. C. Gouté, Paris. (Cliché prêté gracieusement par le *Kennel Club Hollandais Cynophilia*.)

« SUPERBE »

appartenant à M. J. Castin-Moglia, Cambrai. (Gravure extraite du Journal *Chasse et Pêche*.)

Tous ces clubs ont adopté les points décrits ci-dessus ; néanmoins, le club anglais prescrit la tête plus longue et admet aussi des chiens mouchetés avec le fond de la robe d'une autre couleur que blanche et donne cette échelle des points.

ÉCHELLE DES POINTS.

Apparence générale	3
Condition	3
Activité	5
Tête	15
Cou	5
Poitrine	8
Dos	8
Ventre	4
Queue	4
Pattes de devant	10
Pattes de derrière	10
Pieds	8
Poil	4
Hauteur	13
TOTAL.	100

« WALCHEREN'S CIARDI »

appartenant à M. C. A. Hackenberg, Middelburg. (Gravure extraite du Journal *Nederlendsche Sport.*)

Comme le *Kennel Club Anglais* a prescrit depuis peu de temps que les oreilles ne peuvent plus être coupées, le Dogue allemand doit avoir aux expositions *anglaises,* s'il ne veut pas être disqualifié, les oreilles non coupées. Dans ce cas, il doit les porter, suivant le goût anglais, comme le Lévrier, tombant avec un pli en arrière, en faisant voir l'intérieur de l'oreille.

« HOLLE II »

appartenant à M. E. Aichele, Berlin. (Gravure extraite du Journal *Nederlandsche Hondensport.*)

« ROMEO »

appartenant à M. Nic. Huygen, Rotterdam. (Gravure extraite de l'Album du peintre hollandais O. Eerelman.)

Perro de Presa.

DOGUE ESPAGNOL.

Apparence générale . . . Chien de formes assez massives, assez haut sur pattes, tête portée un peu plus haut que le dos, à l'aspect assez sérieux sans être hargneux.

Tête . . . . De grosseur moyenne, crâne large et légèrement bombé, lèvres pas trop longues et pendantes, museau sans *stop* trop prononcé et coupé net.

Yeux . . . . Pas trop grands, clairs, pupille foncée, les paupières inférieures non tombantes et laissant voir la conjonctive.

Nez . . . . Toujours noir.

Oreilles . . . . Droites; coupées, la plupart du temps, très courtes.

« TERRIBLE »
appartenant à M. F. KRICHLER, Hanovre.
(Gravure extraite du *Katechismus der Hunderassen*.)

Cou . . . . Court, très développé; nuque très large et forte, sans fanons.

Corps . . . . Poitrine forte et profonde, dos pas ensellé, mais légèrement courbé près des reins; ventre assez relevé.

Pattes . . . . Les pattes de devant sont plus fortes que celles de derrière, sans être trop massives.

Pieds . . . . Ronds et fermés; les pieds de derrière plus fermés que ceux de devant.

Queue . . . . Portée pendante, la pointe légèrement recourbée; forte à la naissance et garnie de poils plus longs que sur le reste du corps.

Poil . . . . Court et dur.

Couleur . . . . Blanc, noir, blanc à taches noires et noir à taches blanches.

Hauteur au garrot . . . Environ 65 centimètres.

Poids . . . . Environ 60 kilogrammes.

Origine . . . . Espagnole.

Défauts . . . . Trop petit ou trop ramassé, cou mince, fanons, queue en trompette, poil long et autres couleurs.

Dogue de Cuba.

CHIEN A ESCLAVES.

Apparence générale	Chien de grande taille, avec une très forte charpente, à l'aspect sauvage et féroce; employé à la recherche des nègres fugitifs.
Tête	Forte et assez courte, arrondie au sommet, l'arrière-tête très large et légèrement incurvée entre les yeux.
Museau	Assez court et aplati sur le devant, lèvres pendantes et arrondies.
Nez	Toujours noir.
Oreilles	Pendantes et assez larges à l'attache.
Yeux	De moyenne grandeur, au regard faux, de couleur brun foncé.
Cou	Fort et trapu.
Epaules et poitrine	Assez obliques, larges et musclées.
Dos	Large et fort.
Ventre	Peu relevé.
Corps	Assez ramassé et fortement charpenté; les reins sont larges et droits.
Pattes	De forte ossature, elles ne sont pas trop longues; jarrets courts.
Pieds	Grands et ronds.
Queue	Longue et souvent portée courbée sur le dos; recouverte d'un poil plus fourni, elle paraît assez épaisse.
Poil	Court et dur.
Couleur	Brun, rouge sale; souvent la partie inférieure du corps est plus claire et le dos plus foncé.
	Le museau à masque foncé ou noir; les lèvres et la bordure des oreilles ainsi que les pieds sont également noirs.
Hauteur au garrot	Environ 65 centimètres.
Poids	Environ 65 kilogrammes.
Origine	Croisement de Bloodhound et de Dogue.

« FÉROCE »
appartenant à M. J. Tweek, Cuba.

Dogue du Thibet.

Apparence générale . .   Un chien de grande taille, très fort et de forme très typique, ne lui donnant aucune ressemblance avec les autres races de chiens. L'aspect général dénote la vigueur et le courage joints à une majesté et à une lenteur distinguée laissant soupçonner que l'animal a conscience de sa force et de sa supériorité. Sa structure est bien proportionnée et ses formes sont belles.

Dogues du Thibet idéaux, d'après le peintre suisse J. PETERSEN.
(Gravure extraite du Journal *Zentralblatt*.)

24

Tête	Très caractéristique, très grande de contour, aussi massive que celle du Mastiff, mais plus large entre les oreilles. Le front est garni de rides profondes comme chez le Bloodhound; d'autres rides plus profondes s'étendent de la mâchoire jusqu'aux yeux et au nez.
Crâne	Très développé, l'os occipital très prononcé.
Oreilles	Petites et pendantes; l'os occipital étant fortement développé, elles paraissent être attachées assez bas.
Nez	Court et toujours noir.
Museau	Cassure du nez très visible; mâchoires larges et spacieuses, avec des lèvres longues et pendantes ne se fermant pas entièrement sous le nez et laissant voir quelquefois les dents.
Dents	Fortes et très développées, surtout les dents canines.

« SIRING »
appartenant à S. A. R. le Prince de Galles.

Yeux	Les plis de la tête sur le front et autour des yeux donnent à ces derniers un regard méchant et sévère corrigé toutefois par une expression gentille des yeux qui sont ordinairement de couleur brun foncé.
Corps	Fortement charpenté et bien symétrique.
Pattes	Fortes et droites, de bonne ossature.
Pieds	Assez grands, fermés et ronds.
Queue	De moyenne longueur, garnie de poil long et portée en trompette sur le dos; chez quelques chiens elle est si fortement enroulée que la pointe retombe à droite sur la croupe.

« HONEST »
appartenant à M. J. Dronzy, Madagascar.
(Gravure extraite du livre The Dog Owner's Annual.)

Poil	Long et dur autour du cou et sur les épaules, souvent un peu frisé sur les cuisses.
Couleur	Noir avec des marques feu comme le Gordon Setter ou le Black and Tan Terrier; quelquefois entièrement noir, mais toujours sans blanc.

« AYLVA »

appartenant à M. J. Pontechnik, Jura. (Gravure extraite du Journal *Chasse et Pêche*.)

Hauteur au garrot . . .	Environ 75 centimètres et plus.
Poids	Environ 70 kilogrammes.
Origine.	Des montagnes de l'Hymalaya.
Défauts	Toutes les autres couleurs.

« YANKO »

appartenant au Comte Czechenyi, Zinkendorf.

ÉCHELLE DES POINTS.

Apparence générale	10
Tête	10
Rides	15
Oreilles	5
Yeux	5
Corps	10
Pattes	10
Queue	15
Poil	10
Couleur	10
TOTAL . . .	100

Dogue du Thibet idéal, d'après le peintre allemand R. Strebel.
(Gravure extraite du *Forstmeister Max Siber's Monographie « Der Tibethund »*.)

Dogue de Bordeaux.

Apparence générale . .   Un chien grand, lourd, avec une charpente bien solide, combinant les qualités du Mastiff et du Bull-Dog.

Tête . . . .   Énorme et carrée, crâne très développé, museau court, nez légèrement retroussé, permettant au chien de respirer sans lâcher prise ; mâchoire inférieure faisant une saillie d'un centimètre environ, saillie invisible à l'extérieur ; il ne faut pas cependant que cette conformation soit exagérée, comme chez le Bull-Dog, car si les dents ne se rencontrent plus exactement, le chien *grigne,* comme

« RAOUL »

appartenant à M. J. ROYER, Paris. (Gravure extraite du Journal *L'Éleveur.*)

« SULTANE »

appartenant à M. Cɴ. Eɪsʟᴇʀ, Paris. (Gravure extraite du Journal *Chasse et Pêche*.)

« LION »

appartenant au Jardin Zoologique de Paris. (Gravure extraite du Journal *Le Chenil.*)

disent les amateurs, et perd beaucoup de sa force et de sa valeur au point de vue du combat; mâchoires très développées et fortes, la peau sur les joues et sous le menton bien ample, babines longues et tombantes; le front et le crâne sont sillonnés de rides profondes.

Yeux . . . . Petits, placés assez loin l'un de l'autre et de couleur brune, entourés de plis profonds.

Nez . . . . Noir; on en voit souvent couleur chair ou brun rougeâtre.

Oreilles . . . . Petites et fines; plus elles sont petites, plus le chien gagne en distinction; elles sont souvent coupées.

Cou . . . . Fort, puissant, court et la peau très ample, encolure de taureau.

« CAPORAL »

appartenant à M. J. Delant, Périgueux. (Gravure extraite du Journal *Chasse et Pêche*.)

Poitrine	Puissante, large et très ouverte.
Dos	Droit, mais beaucoup de chiens sont un peu ensellés; c'est un défaut difficile à éviter surtout chez ceux qui sont souvent descendus dans l'arène et y ont éprouvé les rudes fatigues que comporte ce genre de sport.
Reins	Larges et musclés.
Ventre	Légèrement relevé.
Corps . . :	D'aspect massif, fort, trapu et très vigoureux.
Pattes de devant. . . .	Droites, fortes et très musclées, les aplombs parfaits.
Pattes de derrière . . .	Moins développées, les cuisses pourvues de muscles résistants; mais les jarrets sont souvent fermés et le chien est, par suite, serré dans l'arrière-train.
Pieds	Larges, les ongles bien courbés.

« CORA » et « TURC »

appartenant à M. S. Woodiwiss, Londres. (Gravure extraite du Journal *The Stock-Keeper*.)

25

« ROLAND »

appartenant à M. H. VAUREZ, Paris. (Gravure extraite du Journal *L'Éleveur.*)

Queue . . . .   Pas trop longue, épaisse à la racine et s'effilant vers le
                                 bout, toujours portée bas.

Peau. . . . .   Épaisse.

Poil . . . .   Court, ras et couché, mais pas trop fin; le poil à la
                                 partie inférieure de la queue ne doit pas être plus long que
                                 sur le reste du corps.

Couleur . . . .   Fauve doré ou roux; plus la couleur est foncée, plus
                                 elle est recherchée.

                                 Le tour des yeux et la mâchoire supérieure sont quel-
                                 quefois revêtus d'une teinte plus foncée.

« BEAUTÉ » et « BUFFALO »

appartenant à M. L. Bouthéon, Bordeaux. (Gravure extraite du Journal *L'Acclimatation*.)

« VENGEUR »
appartenant à M. A. ROUY, Paris.

« SULTANE »
appartenant à M. C. EISLER, Bordeaux.

« BRUTUS »
appartenant à M. J. AARON, Paris.

Caractère . . . . . . Très batailleur quand ils sont dressés pour la bataille, autrement très doux.

Dans le Midi de la France, ils sont mis en présence d'ours, de loups et d'ânes et ce dernier animal est bien l'adversaire le plus redoutable qu'on puisse lui opposer.

Hauteur au garrot . . . De 60 à 75 centimètres.

Poids . . . . De 65 à 85 kilogrammes.

Origine . . . . Midi de la France.

Défauts . . . . Tout ce qui peut rappeler un croisement avec le Mastiff.

ÉCHELLE DES POINTS.

Apparence générale	10
Tête	25
Rides	10
Cou	10
Poitrine	5
Dos	5
Pattes	10
Pieds	10
Poil et couleur	15
TOTAL . . .	100

« AMAZONE DE BORDEAUX »

appartenant à Mme H. C. BROOKE, Londres. (Gravure extraite du livre *The Dog Owner's Annual*.)

Bull-Dog.

BOULE-DOGUE.

Remarques générales. Quand on veut se faire une opinion sur un Bull-Dog, il est tout d'abord nécessaire de prendre en considération l'apparence générale. On doit aussi se préoccuper du sexe de l'animal, la chienne n'étant jamais aussi massive ni aussi développée que le chien. Puis on examinera si sa taille, sa forme et ses autres qualités sont bien en harmonie les unes avec les autres. Un bon chien d'exposition ne doit pas briller par *un point* exceptionnellement bon au détriment de toute la symétrie. Un chien marchant mal, par exemple, peut être bon pour l'élevage, mais comme type de chien d'exposition il doit être écarté. Un chien auquel manque un des points essentiels de la race ne doit jamais gagner en bonne compagnie.

En dernier lieu, on prendra en considération le style, la démarche, le maintien, le caractère, etc.

Apparence générale. Un chien à poil court, massif et ramassé, très bas de structure; mais large et fort, enveloppé d'une peau beaucoup trop ample. Sa tête est carrée, très ramassée et paraît trop grande pour le corps. Museau très court, large et retroussé vers le haut; ce point est surtout très visible quand la mâchoire inférieure est correcte. Le corps court, profond à la poitrine, côtes bien arrondies; membres forts et musclés; arrière-train plus haut et plus légèrement bâti en comparaison de l'avant-train beaucoup plus massif.

Le dos remonte des épaules jusqu'aux reins, puis s'incline brusquement vers la queue; cette forme est appelée *wheel-back* et est très typique dans cette race. La queue attachée bas, jamais portée gaiement relevée.

Vu de face, le corps montre beaucoup de

« LEUVEN'S PEPITA »
appartenant
au Comte H. DE BYLANDT, Bruxelles

« EXODUS »
appartenant à M. G. G. Tod, Londres.
(Cliché gracieusement prêté par M. J. de Virieu van Heyst, Apeldoorn.)

« LEUVEN'S BEL-DEMONIO II »
appartenant
au Comte H. de Bylandt, Bruxelles

largeur et de profondeur et va en s'amoindrissant jusqu'à la queue; vu de derrière, les pattes de devant paraissent attachées aux côtés du corps. L'humeur ne doit pas être oubliée, car un chien batailleur est aussi peu désirable qu'un chien sans expression, sans vivacité et qui dédaigne l'insulte ou l'attaque.

Un chien d'un poids lourd doit cependant être actif et bien savoir se mouvoir, avec la démarche roulante, lourde et balançante si typique. Son activité ne doit pas être celle d'un Terrier, mais la démarche sera toutefois asséz facile et correspondant au poids du chien.

Un Bull-Dog exposé en bonne condition doit être très

sain; nez humide, yeux clairs, bien en poil, bien soigné,
propre, sans maladie de la peau, muscles durs, ni faible
ni maigre. Toute l'apparence
rappelle le fort taureau de
l'Ayrshire ou de l'Highland.

Crâne . . . .   Un des points les plus essentiels chez le Bull-Dog. Le
plus grand possible; la circonférence, mesurée devant les
oreilles, doit correspondre au
moins à la hauteur au garrot;
bâti carré et jamais cunéiforme,
arrondi ou pointu. Vu de face,
il paraîtra très haut du coin de
la mâchoire inférieure jusqu'au

« DATHOLITE »
appartenant
à M. S. Woodiwiss, Londres.

sommet, et aussi très large et carré; vue de profil, la tête
paraît très haute, tandis que du crâne à la pointe du nez,
elle paraîtra très courte.

« CHAMPION BRITISH MONARCH »
appartenant à M. S. Woodiwiss, Londres. (Gravure extraite du Catalogue illustré du *Cruft Show*.)

« OUTSIDER »

appartenant à M. S. Woodiwiss, Londres. (Gravure extraite du Journal *The British Fancier*.)

« BULLY II » et « DORINDA »

appartenant à M. C. Matthys, Alost. (Gravure extraite du Journal *Het Sportblad.*)

Joues . . . . . , ...	Rondes chez un chien adulte, s'étendant littéralement jusqu'aux yeux et bien remplies.
Front	Os occipital plat d'une oreille à l'autre ; front large mais plat, ni proéminent ni s'avançant en saillie sur le museau ; d'une grande largeur, comparé à la hauteur de l'os nasal jusqu'à l'os occipital, la peau très ample et formant des plis profonds.

Os temporaux très proéminents, larges, carrés et hauts, formant une rainure profonde et large entre les yeux, rainure s'étendant de l'os nasal jusqu'au milieu du front et disparaissant graduellement vers l'os occipital.

Stop. . . . . Est un des points les plus importants ; la cassure doit être large et très profonde.

Le *stop*, très prononcé, forme ce que les connaisseurs appellent le *broken up*.

Lèvres . . . . La lèvre supérieure appelée *chop* (babine) doit être « LEUVEN'S DUTCH COUNTESS » très large, épaisse et pendante ; elle doit pendre sur les côtés (pas devant) par

appartenant
au Comte H. de Bylandt, Bruxelles.

dessus la mâchoire inférieure. Devant, elle vient de niveau avec la lèvre inférieure et couvre les dents. Elles sont toujours noires, même chez les chiens blancs.

Dents . . . . Les molaires sont grandes et fortes; les canines placées loin l'une de l'autre; les incisives de la mâchoire supérieure placées régulièrement entre les canines; celles de la mâchoire inférieure, très petites, doivent être également placées régulièrement, mais elles le sont rarement.

Mâchoires . . . . . Larges, lourdes, carrées et fortes.

La mâchoire inférieure dépasse de beaucoup la mâchoire supérieure et est retroussée vers le haut; cette forme est aussi un des points les plus caractéristiques.

Nez . . . . Grand, large et noir, fortement retroussé en arrière et en haut, jusque près des yeux. La distance qui sépare l'angle interne de l'œil (ou le milieu du *stop* entre les yeux), du bout de nez ne doit pas excéder celle comprise entre le bout du nez et le bord de la lèvre inférieure.

Vue de profil, la pointe du nez semble toucher la ligne imaginaire joignant la pointe la plus éloignée de la lèvre inférieure au milieu du front entre les arcades sourcilières.

Un nez incomplètement noir est au détriment du chien; mais un nez rose ou couleur de chair est une cause de disqualification.

« LEUVEN'S BULLY III »
appartenant
au Cᵗᵉ H. DE BYLANDT, Bruxelles.

Les narines doivent être larges, spacieuses et noires, avec une rainure bien visible; un double nez est une disqualification. L'os nasal doit être aussi court que possible et bien retroussé, afin de donner, avec une mâchoire inférieure correcte, l'aspect propre à cette race.

Museau . . . . . . Large, court et carré, retroussé, avec une grande profondeur entre les mâchoires.

Oreilles . . . . . . Petites, minces et non pendantes, attachées haut aux côtés du crâne et loin l'une de l'autre, afin de ne pas diminuer la largeur de celui-ci; mais, par contre, pas trop hautes

« CH. RUSTIC KING »   « CH. QUEEN MAB »   « CH. BRITISH MONARCH »
appartenant à MM. G. RAPER, P. SELLON et S. WOODIWISS, Londres.

« DON PEDRO.»

appartenant à M. W. H. SPRAGUE, Londres. (Gravure extraite du *Ladies' Kennel Journal*.)

« LEUVEN'S CALIBAN II »
appartenant
au Cᵗᵉ H. DE BYLANDT, Bruxelles.

pour éviter la forme de *apple-head*; plus elles sont placées loin des yeux, mieux cela vaut.

La forme préférée de l'oreille est celle appelée *rose-ear* (en rose); l'oreille en rose se plie d'arrière en dedans, le coin de dessous ou d'avant est plié en dehors et en arrière de façon à laisser à découvert l'intérieur du pavillon.

Les oreilles d'une autre forme ne sont pas recherchées et ne doivent pas être encouragées, spécialement l'oreille du Fox-Terrier ou celle de la forme *button-ear* chez laquelle la pointe tombe en avant, pas plus que la *tulip-ear*, toute droite; moins mauvaise est l'oreille du Collie, qui se voit quelquefois et qui est produite par la tension trop forte du muscle de la mâchoire.

« LEUVEN'S HAASKE »
appartenant au Comte H. DE BYLANDT, Bruxelles.
(Cliché gracieusement prêté par la Société cynégétique hollandaise *Nimrod*.)

« JOE »
appartenant à S. A. R. la Princesse MARIE DE DANEMARK.

Yeux . . . .   Les yeux, vus de face, doivent se trouver bas dans le crâne, aussi éloignés des oreilles que possible; leurs coins doivent se trouver sur une ligne coupant la cassure à angles droits et être complètement sur l'avant de la face; ils doivent être placés aussi loin que possible l'un de l'autre, pourvu que leurs coins extérieurs se trouvent à l'intérieur du contour des joues.

Ils sont de forme ronde, de moyenne grandeur, un peu proéminents, foncés de couleur, le blanc ne doit pas être visible quand le chien regarde droit devant lui; intelligents, vivaces et affables.

« JACK IN THE GREEN »
appartenant
à M. J. KRUPP, Essen.

« LEUVEN'S MAY BUD »
appartenant
au Cte H. DE BYLANDT, Bruxelles.

« CHAMPION HIS LORDSHIP »
appartenant à M. A. J. SMITH, Chicago. (Gravure extraite du Catalogue illustré du *Cruft Show*.)

La difformité connue sous le nom d'œil vairon, ou un œil plus clair que l'autre, ou un œil avec la prunelle blanchâtre, grise ou d'une mauvaise couleur, ou un œil où l'on voit trop de blanc sont des défauts entraînant la disqualification.

Cou . . . . De moyenne longueur (plutôt court et épais que long), très gros, profond et fort, bien arqué sur la ligne supérieure et recouvert d'une peau lâche, épaisse, fortement plissée et formant, de chaque côté, un double fanon allant de la région maxillaire jusqu'à la poitrine; plus la peau est développée, mieux cela vaut.

Poitrine . . . . . . Spacieuse, avec une grande largeur et une grande profondeur, bien arrondie et pendue entre les pattes de devant, ce qui fait paraître le devant du chien très large et très court sur jambes.

Epaules . . . . . . Basses et obliques, les pointes de l'épaule ne doivent ni se toucher, ni même être près l'une de l'autre. Elles sont basses et déclinent de la pointe la plus étroite au coin du dos jusqu'à la plus grande largeur près des omoplates et dénotent une grande force musculaire.

Poitrail . . . . . . Formé de côtes bien arrondies ; sa circonférence, mesurée derrière les omoplates, ne peut être assez grande ; va en s'amincissant alors graduellement vers le ventre.

« DOCKLEAF »
appartenant à M. S. Woodiwiss, Londres.

Ventre . . . . Bien relevé et non pendant; une taille petite ou mince est très recherchée.

Dos . . . . Court et fort, très large aux épaules et étroit à la croupe ; il montera du point le plus bas derrière les épaules où existe une légère dépression, en courbe gracieuse jusque près des reins et tombera alors brusquement vers la queue.

« LEUVEN'S JOHN BULL »
appartenant
au Cte H. DE BYLANDT, Bruxelles.

Cette courbe, appelée *wheel- or roach-back*, est aussi un des points les plus caractéristiques de la race.

En largeur le dos diminuera graduellement de la plus grande largeur entre les omoplates jusqu'aux reins où il est relativement étroit.

Reins . . . .

Stature et ossature . . .

« LEUVEN'S BELGIAN MONARCH »
appartenant
au Comte H. DE BYLANDT, Bruxelles.

Pattes de devant . . .

Le dos est sensiblement plus haut à la partie postérieure qu'à la partie antérieure.

Un dos tout droit est un motif de disqualification.

Doivent être libres dans leurs mouvements.

Tout ce qui indique la difformité, la faiblesse ou le clo-
chement est très condamnable, aussi bien dans les pattes
de devant que dans celles de derrière.

Les pattes de devant sont fortes et musclées et d'une
lourde ossature.

Le chien doit pouvoir se mouvoir librement, nonobstant
sa démarche étrange, sa tête, sa poitrine et ses épaules
fortement développées; il est plus haut sur les pattes de
derrière que sur celles de devant.

Le Bull-Dog doit être d'une stature basse, plus sur le
devant que sur le derrière, et ne pas porter son corps sur
ses pattes de devant, mais entre celles-ci.

La hauteur de la patte de devant, de la terre au coude
ne doit pas être plus grande que la distance entre le coude
et le milieu du dos entre les omoplates.

Sont fortes et vigoureuses, placées loin l'une de l'autre,
épaisses, musclées, droites et assez courtes, avec le gros de
la jambe très développé, présentant une ligne extérieure
légèrement courbée; mais l'ossature est droite et large, ni
torse, ni courbée.

Elles sont plutôt courtes en comparaison des pattes de
derrière, mais pas assez courtes pour donner une apparence trop longue au dos et enlever au chien de son activité
ou le rendre boiteux.

Les Boule-Dogues idéaux, d'après le peintre anglais R. MOORE.

« CHAMPION GUIDO »

appartenant à M. J. ELLIS, Londres. (Gravure extraite du Journal *Chasse et Pêche*.)

Coudes . . . .   Placés bas, tournés extérieurement bien loin des côtes, afin d'y laisser suspendre le corps; les pattes semblent attachées aux côtés du corps.

Avant-bras . . . . . .   Bien couvert de muscles surtout du côté extérieur, donnant un peu l'apparence de pattes courbées, ce qui n'est pas du tout le cas.

Genoux. . . . .   Ne sont presque pas visibles chez le chien adulte, tant ils sont couverts de chair et de muscles.

Chevilles . . . .   Courtes, droites et fortes.

Pieds de devant. . . .   Droits, ronds, assez grands, jamais tournés ni en dedans, ni en dehors; ce dernier défaut est encore le plus pardonnable; les doigts épais et crochus, bien séparés afin de bien montrer les phalanges.

Pattes de derrière . . .   Fortes et musclées, mais plus légèrement bâties que les pattes de devant; de longueur moyenne, mais visiblement plus hautes que celles de devant, afin de relever les reins, qui doivent être plus haut que la pointe de l'épaule.

Grasset . . . . . .   Légèrement rond à cause des muscles épais et développés; il est un peu tourné en dehors du corps, courbant ainsi le talon vers l'intérieur et le pied vers l'extérieur.

Talons . . . .   Bas, assez droits; mais plus longs que ceux de devant.

Pieds de derrière . . .   Plus petits que ceux de devant et légèrement tournés au dehors, ils sont ronds et compacts mais pas autant que ceux de devant; les doigts bien écartés et les jointures proéminentes. Par sa conformation, le chien a la démarche lourde, traînante et balançante qu'on exige de lui; de l'avant-train il paraît marcher à petits pas précipités, sur la pointe des pieds; ses pattes de derrière ne sont pas beaucoup relevées de terre et semblent raser le sol; quand il court, l'épaule droite progresse un peu en avant, à la façon du cheval au petit galop (*cantering*).

« PATHFINDER »
appartenant
à M. H. ELLIS, Londres.

Queue . . . .   *Stern*, doit être attachée très bas et toujours portée vers le bas. Assez courte, épaisse à la naissance, sans frange ou poil long; elle se termine en s'effilant. Par la forme de la queue il est impossible au chien de la porter relevée sur le dos.

« LEUVEN'S QUEEN MONARCH »
appartenant
au Comte H. DE BYLANDT, Bruxelles.

Poil . . . .   Fin au toucher, court et dense, à rebrousse-poil dur parce qu'il est court et serré, mais pas rude.

Couleur . . . .   Doit être brillante et pure. Les couleurs, d'après leurs mérites, sont : unicolores et à masques, bringés, rouges,

Copyright
Spratt's Patent Limited.
L'Enfant de la Gamelle Spratt

« MONKEY BRAND »
appartenant à M. A. BRYAN-HAYMES, Londres. (Cliché gracieusement prêté par le propriétaire.)

« BULLY II »
appartenant à M. C. Matthys, Alost. (Cliché gracieusement prêté par le propriétaire.)

« CHAMPION BRITISH MONARCH » et « CHAMPION DRYAD »
appartenant à M. S. Woodiwiss, Londres.

« CHAMPION PATHFINDER »
appartenant à M. J. H. Ellis, Bath.

(Gravures extraites du Journal *The Stock-Keeper*.)

blanches et leurs variétés telles que fauve uni, daim, etc., puis viennent les tachetés et les couleurs mêlées. La couleur blanche à taches noires est peu recherchée. Les couleurs noire et noire et feu sont disqualifiées ; cette dernière couleur est le résultat d'un croisement, surtout quand il y a des marques feu *spots* sur les joues. A ces exceptions près, la couleur est de peu d'importance et dans le cas d'égale mérite le juge peu suivre son propre goût.

« CH. DIOGENES ».
appartenant
à M. S. PYBUS SELLON, Londres.

« HUMBLEDON HEATHEN »
appartenant
à M. W. ALCOCK, Sunderland.

Hauteur au garrot . . .   De 35 à 45 centimètres.

Poids . . . .   Le poids préféré est pour un chien de 18 à 22 1/2 kilogrammes et pour une chienne de 15 à 20 kilogrammes, en condition d'exposition.

Origine . . . .   Anglaise.

ÉCHELLE DES POINTS.

Apparence générale	20	Structure, démarche, humeur et muscles	10
		Grandeur	4
		Couleur	3
		Queue	3
Museau	15	Mâchoires et dents	5
		Nez	5
		Os nasal	5
Tête	30	Crâne et front	10
		Stop et rides	10
		Yeux	5
		Oreilles	5
		Cou et fanons	5
Corps	20	Poitrine, épaules, dos, ventre et reins	8
		Queue	4
		Poil	3
Membres et pieds	15	Maintien et ossature	5
		Pattes, pieds et doigts de devant	5
		Pattes, pieds et doigts de derrière	5
TOTAL . . .	100	TOTAL . . .	100

Bull-Dog Club (INCORPORATED).

Président : J. W. BERRIE . . . . Londres.
Secrétaire : F. W. CROWTHER. . . . Enfield Lodge, Enfield.
                Cotisation : £ 1. 1 Sh.

British Bull-Dog Club.

Président : R. J. HARTLEY . . . . Londres.
Secrétaire : C. F. W. JACKSON, Hinton, Charterhouse, Bath.
                Cotisation : £ 1. 1 Sh.

South London Bull-Dog Society.

Président : J. JOHNSON . . . . Londres.
Secrétaire : WALTER M. HIGGS, 9, Broseley Grove, Londres.
                Cotisation : £ 1. 1 Sh.

Northern Counties Bull-Dog Club.

Président : Dr J. ESKRIGGE . . . . Royston.
Secrétaire : JOHN W. HAIGH . . 1, St-George's Road, Leeds.
                Cotisation : 10 Sh. 6 d.

Birmingham and Midland Counties Bull-Dog Club.

Président : EDW. BOOTH . . . . Birmingham.
Secrétaire : W. H. WILTON, 3, Woodfield Road, Birmingham.
                Cotisation : £ 1. 1 Sh.

Bull-Doggen Klub (CONTINENT).

Président d'honneur : Comte HENRI DE BYLANDT . . Bruxelles.
Président : J. SCHAUWECKER . . . . Berlin.
Secrétaire : CARL NITZOW . . . . Reinickendorf, Berlin.
                Cotisation : 10 Mark.

Bull-Dog Club (BELGE).

Président : J. B. GHEUDE . . . . Bruxelles.
Secrétaire : G. SMAELEN, 23, Nouveau Marché aux
Grains. . . . . Bruxelles.
Cotisation : 12 Francs.

Bull-Doggen Klub (ALLEMAND).

Président : A. BEERWARTH. . . . . Stuttgart.
Secrétaire : G. HORRMANN . . . 1, Reuchlinstrasse, Stuttgart.
Cotisation : 10 Mark.

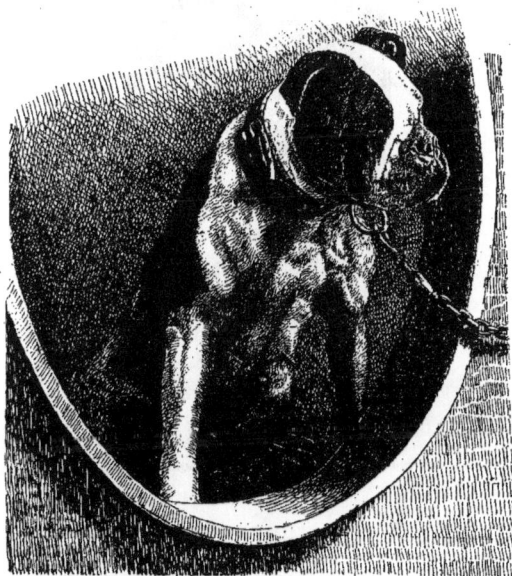

« PRINCESS IDA »
appartenant à M. W. RICHARDS, Sheffield. (Gravure extraite du Journal *Chasse et Pêche*.)

« BRUSSEL'S CRIB »
appartenant
à M. G. SMAELEN. Bruxelles.

Les deux premières sociétés ont cité quelques chiens comme exemple.

Le premier club : Le tableau bien connu de « Crib » et « Rosa » sur lequel « Rosa » est le Bull-Dog idéal, puis « Dockleaf », « Dryad » et « Datholite » à M. S. Woodiwiss; « Grabber » à M. J. H. Ellis et « Bedgebury Lion » à M. P. Beresford Hope, qui, hormis quelques défauts, sont des exemples.

Le second club : « Crib » à M. J. Furton; « Venom » à M. R. Hartley; « Monarch » à M. D. Oliver; « Queen Mab » à M. J. Pebus Sellon; « British Monarch » à M. S. Woodiwiss et « Wheel of Fortune » à M. J. Gurney; tous ces chiens étaient des champions.

« ASTON THORNFIELD »
appartenant à Mme H. C. BROOKE, Bexley Heath.
(Gravure extraite du livre *The Dog Owner's Annual*.)

« LEUVEN'S PEPITA »

appartenant au Comte H. DE BYLANDT, Bruxelles. (Photographie de la Maison A. GREINER, Amsterdam.)

𝕿oy Bull-Dog.

BOULE-DOGUE NAIN.

En France, et dans ces derniers temps aussi en Angleterre, on s'occupe d'élever des Boule-Dogues nains, aussi petits que possible ; ils ont les mêmes points, mais la plupart du temps les oreilles sont droites (on dirait en voyant les lauréats d'expositions que plus l'oreille est grande et droite, mieux cela vaut).

La différence réside dans :

Hauteur au garrot . . . . Moins de 3o centimètres.
Poids . . . . Moins de 1o kilogrammes.

« CRISTAL » et « CORA »
appartenant à M. F. DE FERME, Marmande. (Gravure extraite du Journal *L'Éleveur*.)

« PIERCE »

appartenant à M. J. COTELLE, Paris. (Gravure extraite du Journal L'Acclimatation.)

« BASQUINE » et « RABOT »

appartenant à M. R. D. Thomas, Londres. (Gravure extraite du Journal *Chasse et Pêche*.)

OBSERVATIONS DE L'AUTEUR.

Pourquoi

1° Le Bull-Dog a-t-il le nez si retroussé?
2° La mâchoire inférieure est-elle plus longue et retroussée?
3° Les pattes de devant sont-elles courtes et placées si loin l'une de l'autre?
4° Le dos est-il si court et le cou si épais et musclé?

Parce que

Le Bull-Dog était primitivement dressé pour se battre avec les taureaux et

1° Il peut par la conformation du nez respirer sans contrainte pendant tout le temps durant lequel il enserre le taureau dans son étau maxillaire.

2° Il peut mieux se maintenir quand il est pendu par les dents.

3° Il a plus de chance de retomber sur ses pattes quand le taureau le projette contre le sol.

4° Par le balancement son cou ne peut pas se rompre si vite, l'arrière-train étant bâti plus légèrement.

« AJAX », Caniche, au Comte H. DE BYLANDT, Bruxelles.
« DATHOLITE », Bull-Dog, à M. S. WOODIWISS, Londres.

Poedel.

CANICHE A POIL CORDÉ.

Apparence générale . .   Un chien fort, vif, très intelligent, bien bâti, au maintien hardi. Il a le sentiment de sa valeur, est très remuant, son attention se trouve constamment dirigée vers tout ce qui l'entoure. Entièrement couvert de longues cordes. Il porte toujours la tête et le cou droits. La queue, si elle n'est pas écourtée, ce qui arrive rarement chez le Caniche à poil cordé, est toujours portée horizontalement ou légèrement relevée; jamais recourbée sur le dos ou en trompette. Un fouet bien garni de longues cordes est un point de beauté chez cette variété de caniches.

« CHAMPION ACHILLES »
appartenant à M. R. V. O. GRAVES, Londres.

« STYX »

Appartenant à M. G. Bolton, Londres. (Gravure extraite du Journal *Chasse et Pêche.*)

« NELLY OF THE HAGUE »

appartenant à M. G. W. Deurvort, Wavre-Sainte-Catherine. (Gravure extraite du Journal *Het Sportblad.*)

Tête . . . . Longue, front grand, crâne pas trop étroit, assez large entre les oreilles et légèrement bombé, les arcades sourcilières visibles et bien couvertes de cordes.

Museau . . . . Long, mais pas *snipey*, fort, carré et profond; la cassure du nez n'est pas trop marquée; lèvres pas trop pendantes.

Dents . . . . Belles, saines et fortes, s'adaptant parfaitement.

Yeux . . . . De grandeur moyenne, ni proéminents, ni enfoncés, en forme d'amande, de couleur brun foncé, dénotant une grande intelligence; la ligne qui les joint forme un angle droit avec celle du museau; paupières toujours noires.

Nez . . . . Grand et bien développé, les narines bien ouvertes et toujours noires.

Oreilles . . . . Aussi longues que possible, attachées bas, pendant contre les joues et bien couvertes de longues cordes; les pointes des oreilles doivent pouvoir se toucher lorsqu'on les ramène devant le nez.

Cou . . . . Fort et bien proportionné, pas trop long et bien musclé, afin de pouvoir porter la tête avec élégance; nuque arquée.

Epaules . . . . Obliques.

« CHAMPION ACHILLES » et « CHAMPION THE WITCH ».

appartenant à M. R. V. O. Graves, Londres. (Gravure extraite du Journal *Chasse et Pêche*.)

Poitrine	Assez profonde, mais pas trop large ; forte et bien musclée.
Dos	Pas trop long ; fort et gracieusement arqué, mais pas ensellé.
Reins et ventre	Les reins bien musclés et arqués, le ventre un peu relevé.
Pattes de devant . . .	Droites, solides et bien d'aplomb, très musclées et bâties pour la course, assez longues pour que le corps ne soit pas trop près de terre.
Pattes de derrière . . .	Très musclées, cuisses fortes, les jarrets bien droits.
Pieds	Forts, pas trop petits, bien conformés et arrondis, assez palmés, bien debout sur les doigts ; soles dures et épaisses ; ongles toujours noirs.
Queue	Attachée assez haut, continuant la ligne du dos, rarement écourtée, toujours portée horizontalement ou légèrement relevée et bien fournie de longues cordes.
Poil	Aussi long que possible, formant de longues cordes en tire-bouchons d'au moins 3o centimètres. (Les plus longues cordes connues avaient 66 centimètres.)
Couleur	Unicolore blanc ou unicolore noir.
Hauteur au garrot . . .	De 4o à 5o centimètres.
Poids	De 15 à 25 kilogrammes.
Origine	Continentale.

Caniches idéaux, d'après le peintre anglais A. WARDLE.
(Gravure extraite du livre *Modern Dogs*.)

« NERO »

appartenant à M. C. REMERS, Berlin. (Gravure extraite du Journal *Chasse et Pêche*.)

ÉCHELLE DES POINTS.

Apparence générale	10
Tête . . . :	10
Yeux	5
Cou et poitrine	10
Dos et reins	10
Pattes et pieds	15
Queue	5
Poil	20
Couleur	15
TOTAL . . .	100

« CARO MIO »
appartenant à M. Schilbach, Greiz i/V.

Pudel Klub (ALLEMAND).

Président : A. Fischer . . . . Munich.
Secrétaire : J. Scheuer . . . . 7, Schmellerstrasse, Munich.
Cotisation : 10 Mark.

Poodle Club (ANGLAIS).

Président : J. W. Berrie . . . . Kilmarnock, Tooting.
Secrétaire : C. Tryon . . . . Vicarage Road, Teddington.
Cotisation : £ 1. 1 Sh.

Les points du club anglais diffèrent de ceux mentionnés ci-dessus en ce que les chiens de couleur brune, rouge, bleue, grise, etc., et probablement bientôt les tachetés, puisque les juges de ce club priment déjà ces derniers, sont acceptés.
Il prescrit, en outre, pour le caniche blanc, les points suivants :

Lèvres . . , ... Noires ou roses.
Nez . . . . Noir, rouge ou brun.
Ongles . . . . Noirs, bruns ou roses.

« AJAX »
appartenant au Comte H. DE BYLANDT, Bruxelles.

« PUNCH »
appartenant à M. W. PICARD, Bruxelles.

(Gravure extraite du Journal *Le Cheval.*)

Poedel.

CANICHE A POIL BOUCLÉ OU LAINEUX.

Apparence générale . . Un chien fort, vif, très intelligent, bien bâti, au maintien hardi, ayant le sentiment de sa valeur; très remuant, son attention se trouve constamment dirigée vers tout ce qui l'entoure. Entièrement couvert de boucles plus ou moins peignées. Il porte toujours la tête et le cou droits. Le fouet, toujours écourté et porté légèrement relevé, jamais recourbé sur le dos, est entièrement tondu sauf à l'extrémité où l'on conserve une petite touffe de poils bouclés.

« MOHR »

appartenant à M. G. Schillings, Düren. (Gravure extraite du Journal *Der Hunde-Sport.*)

« BLANCO »

appartenant à M. J. DE LA VALLIÈRE, Paris. (Gravure extraite du Journal *Zwinger und Feld.*)

Tête	Longue, front grand, crâne pas trop étroit, assez large entre les oreilles et légèrement bombé, les arcades sourcilières visibles et bien couvertés de boucles plus ou moins peignées.
Museau	Long, mais pas *snipey,* fort, carré et profond; la cassure du nez n'est pas trop marquée; lèvres pas trop pendantes.
Dents	Belles, saines et fortes, s'adaptant parfaitement.

Yeux	De grandeur moyenne, ni proéminents, ni enfoncés, en forme d'amande, de couleur brun foncé, dénotant une grande intelligence ; la ligne qui les joint forme un angle droit avec celle du museau ; paupières toujours noires.
Nez	Grand et bien développé, les narines bien ouvertes et toujours noires.
Oreilles	Aussi longues que possible, attachées bas, pendant contre les joues et bien couvertes de petites boucles ; les pointes des oreilles doivent pouvoir se toucher lorsqu'on les ramène devant le nez.
Cou	Fort et bien proportionné, pas trop long et bien musclé, afin de pouvoir porter la tête avec élégance ; nuque arquée.
Épaules	Obliques.
Poitrine	Assez profonde, mais pas trop large ; forte et bien musclée.
Dos	Pas trop long ; fort et gracieusement arqué, mais pas ensellé.
Reins et ventre	Les reins bien musclés et arqués ; le ventre un peu relevé.
Pattes de devant. . . .	Droites, solides et bien d'aplomb, très musclées et bâties pour la course ; assez longues pour que le corps ne soit pas trop près de terre.
Pattes de derrière . . .	Très musclées, cuisses fortes, les jarrets bien droits.
Pieds	Forts, pas trop petits, bien conformés et arrondis, assez palmés, bien debout sur les doigts ; soles dures et épaisses ; ongles toujours noirs.

« JIM », « LAURA » et leur progéniture
appartenant à Mme Y. Siepman van den Berg, Soest.

« NEGRO »

appartenant à Mme A. DEQUIN, Amiens. (Gravure extraite du Journal *Le Chenil*.)

« ENCHANTRESS » et « WOMAN IN WHITE »
appartenant à M. R. V. O. GRAVES, Londres.

Queue	Attachée assez haut, continuant la ligne du dos, toujours écourtée et portée légèrement relevée; embellie par une petite touffe de boucles réservée à son extrémité.
Poil	De longueur moyenne, bien bouclé; souvent très peigné et faisant alors ressembler le poil à la toison d'une brebis. Si le poil n'est ni peigné, ni coupé, les mèches de laine forment des cordes tournées régulièrement.
Couleur	Unicolore blanc ou unicolore noir.
Hauteur au garrot . . .	De 40 à 50 centimètres.
Poids	De 15 à 25 kilogrammes.
Origine	Continentale.

« LAURA »   « OLGA »   « JIM »
appartenant à Mme Y. SIEPMAN VAN DEN BERG, Soest.

ÉCHELLE DES POINTS.

Apparence générale	10
Tête	10
Yeux	5
Cou et poitrine	10
Dos et reins	10
Pattes et pieds	15
Queue	5
Poil	20
Couleur	15
TOTAL. . .	100

Pudel Klub (ALLEMAND).

Président : A. FISCHER . . . . Munich.
Secrétaire : J. SCHEUER . . . . . 7, Schmellerstrasse, Munich.
Cotisation : 10 Mark.

Poodle Club (ANGLAIS).

Président : J. W. BERRIE . . . . Kilmarnock, Tooting.
Secrétaire : C. TRYON . . . . . Vicarage Road, Teddington.
Cotisation : £ 1. 1 Sh.

Les points du club anglais diffèrent de ceux mentionnés ci-dessus en ce que les chiens de couleur brune, rouge, bleue, grise, etc., et probablement bientôt les tachetés, puisque les juges de ce club priment déjà ces derniers, sont acceptés.
Il prescrit, en outre, pour le caniche blanc, les points suivants :

Lèvres . . . . Noires ou roses.
Nez . . . . Noir, rouge ou brun.
Ongles . . . . Noirs, bruns ou roses.

30

Dalmatiner Hund.

CHIEN DE DALMATIE.

Apparence générale . .	Un chien fort, musclé et remuant, de structure bien symétrique, ni lourd, ni trapu, pouvant endurer beaucoup de fatigue; assez ressemblant, par sa conformation, avec le Pointer.
Tête	Assez longue, crâne plat, large entre les oreilles, les tempes bien visibles, le *stop* peu prononcé, mais suffisant cependant pour briser la ligne allant du nez à l'os occipital. La peau de la tête tendue, sans rides ni fanons.
Museau	Long et développé, babines non pendantes, mais bien ajustées; dents s'adaptant bien.
Yeux	Placés assez loin l'un de l'autre, de moyenne grandeur, ronds, brillants et intelligents.

Chiens de Dalmatie idéaux, d'après le peintre anglais A. WARDLE.
(Gravure extraite du livre *Modern Dogs*.)

« TOM »

appartenant à M. G. A. Ebeling, Nurnberg. (Gravure extraite du Journal *Der Hunde-Sport.*)

La couleur des yeux dépend des taches du chien; chez les chiens mouchetés de noir, ils sont foncés, noirs ou bruns foncés; chez les chiens mouchetés de brun, les yeux sont bruns ou bruns clairs.

Les yeux vairons, peu recherchés, ne sont pas un défaut.

Paupières . . . . . . La bordure des paupières doit être noire chez les chiens mouchetés de noir et brune chez la variété mouchetée de brun; jamais rose ou couleur chair.

Oreilles . . . . Attachées assez haut, de grandeur moyenne, larges à la base et s'effilant vers la pointe qui est ronde; portées contre la tête et non papillotées; fines et minces au toucher, elles doivent être également mouchetées.

Nez . . . . Toujours noir dans la variété blanc et noir et toujours brun chez le sujet de la variété blanc et brun; jamais rose ou couleur chair.

Cou . . . . Assez long, légèrement arqué, pas trop gros et sans la moindre trace de fanons.

Epaules . . . . . . Placées obliquement, fortement musclées afin de pouvoir bien se mouvoir et pas trop en chair.

Poitrine . . . . . . Pas trop large, mais profonde et spacieuse; côtes assez arrondies sans être en cercle de tonneau, ce qui dénoterait une certaine lenteur dans l'allure.

« GUIGNOL »

appartenant à M. L. Rombouts, Bruxelles. (Gravure extraite du Journal *Chasse et Pêche*.)

Dos et reins	Forts ; reins fortement musclés ; cuisses bien développées ; le dos est arqué au niveau des reins et forme une gracieuse ligne vers la queue.
Pattes	Ont une grande importance. Les pattes de devant bien droites, musclées et de bonne ossature, les coudes serrés contre le corps.
	Les pattes de derrière très musclées, les jarrets bas.
Pieds	Doivent être ronds et compacts (*cat-feet*), aux doigts bien arqués, les soles bien développées ; des pieds écartés (*splay-feet*) sont condamnables, comme n'étant pas favorables pour la course.
Ongles	Suivent exactement la couleur de la robe du chien.
Queue	Pas trop longue, assez épaisse à la naissance, puis s'effilant jusqu'au bout ; portée ni pendante, ni courbée sur le dos, ni en trompette, mais toujours horizontalement avec une légère inclinaison vers le haut ; mouchetée comme le reste du corps, le poil qui la recouvre est uniformément long.
Poil	Court, assez dur, fin et couché ; ni laineux, ni soyeux.
Couleur	Un des points les plus importants. Le fond est blanc pur, sans mélange.
	Les taches doivent être aussi noires que possible ; le brun foie est aussi admis. Elles doivent être bien distinctes, leurs bords bien tranchées sur le fond blanc, bien réparties, ni trop rapprochées, ni trop espacées et ne laissant pas de

« CHAMPION COMING STILL »

appartenant à M. E. D. PARKER, Bristol. (Gravure extraite du Catalogue illustré du *Cruft Show*)

« CHAMPION BEROLINA »

appartenant à M. E. D. Parker, Bristol. (Gravure extraite du Journal *Der Hunde-Sport.*)

« CHARLES DICKENS »
appartenant à M. H. MERCER, Londres. (Cliché gracieusement prêté par le *Kennel Club Hollandais Cynophilia*.)

grands espaces entre elles; elles ont la grandeur d'une pièce d'un franc. Les taches sur la tête, les oreilles, les pattes et la queue sont plus petites que sur le reste du corps. Du poil blanc dans les taches est un grand défaut.

« MARQUISE »
appartenant
à M. G. ACHTEN, Bruxelles.

Hauteur au garrot . . .	Environ 5o à 55 centimètres.
Poids	Chiens 25 et chiennes 22 kilogrammes.
Origine.	Dalmatienne.
Défauts	Masque noir, raie noire sur le dos, taches qui se touchent ou mal placées, queue en trompette.

ÉCHELLE DES POINTS.

Apparence générale	10
Tête et yeux	10
Oreilles	5
Cou et épaules	10
Corps, dos et poitrine	10
Pattes et pieds	15
Queue	5
Poil	5
Couleur et taches	3o
TOTAL. . .	100

« NERO DALMATIA »

appartenant à M. H. DAMM. Berlin. (Gravure extraite du Journal *St-Hubertus*.)

« TELLO », « NERO », « PUTTY», « MARCO », « MIMI-AUSTER »

appartenant à M. H. DAMM, Berlin. (Gravure extraite du Journal *Der Hunde-Sport*.)

Dalmatiner Klub (ALLEMAND).

Président : HUGO DAMM . . . . Berlin.
Secrétaire : H. SIEMENS . . . 4, Katzbachstrasse, Berlin.
Cotisation : 7.5o Mark.

Dalmatian Club (ANGLAIS).

Président : Lord BRAYE . . . . Rugby.
Secrétaire : R. ROWE . . . . The Landing, Ulverston.
Cotisation : £ 1. 1 Sh.

Spitz.

CHIEN DE POMÉRANIE.

Apparence générale

Un chien court, de forme ramassée, au maintien hardi, à la tête de renard, à l'oreille droite, à la queue touffue et enroulée sur le côté du dos. Sa fourrure, richement fournie, à poils non enchevêtrés, se déploie en une forte crinière autour du cou. Les pieds, la tête et les oreilles sont couverts de poil court et serré. D'un naturel inquiet, ombrageux, aboyant à la moindre alerte, le spitz est élevé et entretenu principalement comme chien de garde.

« MOHRLE I »
appartenant
à M. J. SIEGEL, Berlin.

Tête . . . .

De grandeur moyenne; vue de dessus, l'extrémité postérieure de la tête est plus large que le devant et va en se rétrécissant jusqu'au nez; de profil, le crâne paraît bombé et séparé de la face par une cassure brusque.

« OTHELLO »
appartenant à M. J. SCHUTTE, Amsterdam.
(Cliché gracieusement prêté
par le *Kennel Club Hollandais Cynophilia*.)

« SPITZ VAN DUINZICHT ».
appartenant à M. K. van der Vliet, Overveen. (Gravure extraite du Journal *Chasse et Pêche*.)

« KOH-I-NOOR »

appartenant à Mlle J. HAMILTON, Seend.

« MOHRLE »

appartenant à M. J. SIEGEL, Berlin. (Gravure extraite du Journal *Der Hunde-Sport.*)

(Cliché gracieusement prêté par le *Kennel Club Hollandais Cynophilia.*)

« FLOTT-STUTTGART »

appartenant à M. F. SIEGEL, Stuttgart. (Gravure extraite du Journal *Zwinger und Feld.*)

Museau	. Pointu, le chanfrein étroit et droit, mais vu de dessus, le museau paraît plutôt large que haut.
Nez	Rond et petit; toujours noir.
Lèvres	Babines non pendantes, ne formant aucun pli aux commissures des lèvres.
Yeux	De grandeur moyenne, de forme ovale, taillés en amande et placés un peu obliquement.
Oreilles	Courtes et couvertes d'un poil court et doux, placées près l'une de l'autre, triangulaires, attachées haut à la tête et toujours portées droites, à pointes raides.
Cou	De longueur moyenne et fortement bâti; il est difficile d'en voir la forme par suite de l'extrême abondance du poil.
Dos	Horizontal et court.
Poitrine	Profonde devant et arrondie sur les côtés.
Ventre	Modérément relevé.
Pattes	Pas trop longues, bien proportionnées, robustes et d'aplomb régulier, les pattes de derrière un peu arquées près des jarrets.

« SPITZ VAN DUINZICHT »
appartenant à M; K. VAN DER VLIET, Overveen.
(Cliché gracieusement prêté par le *Kennel Club Hollandais Cynophilia*.)

« CASTOR »
appartenant à M. A. HAGEN, Munich. (Gravure extraite du Journal *Der Hunde-Sport*.)

Pieds	Petits et ronds, les doigts bien rapprochés et arqués.	
Queue	De longueur moyenne, attachée haut, repliée sur le dos et ensuite enroulée sur l'un des côtés du corps.	
Poil	Fin et ras sur la tête, les oreilles, les pieds, les pattes	

Fin et ras sur la tête, les oreilles, les pieds, les pattes (depuis le genou) et le jarret; sur le reste du corps, long et abondant. Le poil de la queue, ainsi qu'autour du cou et sur les épaules est plus long que sur le reste du corps, tout en étant raide et hérissé, sans être ondulé ou laineux; il ne doit pas former une raie sur le dos. Le bord postérieur des pattes de devant est garni d'une frange tombant depuis les coudes jusqu'aux pieds; aux pattes de derrière cette

« SPITS »
appartenant à M. K. VAN DER VLIET, Overveen.
(Cliché gracieusement prêté
par la Société cynégétique *Nimrod*.)

frange se termine près des jarrets, laissant le reste de la patte jusqu'au pied couvert de poil court.

Couleur . . . . . . Unicolore blanc et unicolore noir, ou gris louvet avec du noir aux pointes des poils, d'une nuance plus claire sur le museau, autour des yeux, aux pattes, au ventre et à la queue.

Le nez et les ongles toujours noirs; les yeux bruns foncés.

Hauteur au garrot . . . De 3o à 45 centimètres; les gris sont plus grands.

Poids . . . . Moins de 2o kilogrammes.

Origine . . . . Allemande.

Défauts . . . . Museau tronqué, crâne plat, oreilles trop grandes ou tombantes, queue pendante ou droite, poil bouclé, masque noir chez la variété grise, robe tachetée ou mouchetée, nez couleur chair et yeux clairs.

« CASTOR »

appartenant à M. J. Laurent, Statte-lez-Huy. (Gravure extraite du Journal Chasse et Pêche.)

Kleine oder Zwerg-Spitz.

CHIEN DE POMÉRANIE NAIN.

Les points de cette variété sont les mêmes que pour les chiens de grande taille, avec les exceptions suivantes :

Oreilles	Très petites, des oreilles de souris.
Couleur	Unicolore blanc, unicolore noir et gris argenté.
Hauteur au garrot . . .	De 15 à 20 centimètres.
Poids	Moins de 3.1/2 kilogrammes.

« FRIZETTE »
(Gravure extraite du Journal *Der Hunde-Sport.*)

« COQUETTE »
(Gravure extraite du Journal *Der Hunde-Sport.*)

La plus grande différence des points fixés par le club anglais réside dans la couleur ; toutes les couleurs sont admises : rouge, brun, brun clair, brun foncé, brun chocolat, brun café, bleu, jaune, citron, toutes les nuances du gris, tachetés et mouchetés.

Phylax Special Klub fur Spitzer.

Président : M. REICHELMANN. . . . . Berlin.
Secrétaire : E. HARTMANN . . . 13, Friesenstrasse, Berlin.
Cotisation : 10 Mark.

Pomeranian Club (ANGLAIS).

Présidente : Mlle J. HAMILTON . . . . Seend.
Secrétaire : HUGH COLLIS . . . . Rusham House, Egham.
Cotisation : £ 1. 1 Sh.

32

« PRINCE GINGER »

appartenant à Mme G. Lynn, Southsea. (Gravure extraite du Catalogue illustré du *Cruft Show*.)

ÉCHELLE DES POINTS.

Apparence générale	10
Tête	5
Yeux	5
Oreilles	5
Nez	5
Cou et épaules	5
Corps	10
Pattes	5
Queue	10
Poil	20
Couleur	10
Grandeur	10
TOTAL.	100

eidenspitz.

CHIEN DE POMÉRANIE NAIN A POIL SOYEUX.

Apparence générale . . Un petit chien de dame, entièrement blanc et couvert de long poil soyeux; mais pourtant alerte, vif et courageux.

Tête . . . . Le crâne est large et rond, les joues rondes s'amincissant vers le museau qui est très fin; l'os occipital est très peu visible.

Oreilles . . . . . . Triangulaires et toujours portées debout.

Yeux . . . . Assez grands, mais non proéminents; très foncés de couleur.

Nez . . . . Toujours noir.

Corps . . . . Assez court et trapu.

Reins . . . . Bien ronds.

Pattes . . . . De légère ossature, mais parfaitement droites; les pattes de derrière bien musclées.

Pieds . . . . Assez longs; plutôt pattes de lièvre que de chat.

Queue . . . . Couverte de longs poils et portée courbée sur le dos.

« ODHIN »

appartenant au Docteur Th. Kunzli, St-Gallen. (Gravure extraite du Journal *Zentralblatt*.)

« BLANCHETTE »

appartenant à Mᵐᵉ J. Fischer, Paris. (Gravure extraite du Journal Le Chenil.)

Poil	Long, doux et soyeux; ni bouclé ni laineux; il doit avoir une longueur de 15 centimètres environ. Le poil doit être rasé sur le museau jusqu'aux yeux et sur les pattes jusqu'aux jarrets, tandis que sur les oreilles il doit être coupé court.
	Il est de mode de laisser une moustache au Seidenspitz.
Couleur	Unicolore blanc.
Hauteur au garrot . . .	De 20 à 25 centimètres au maximum.
Poids	De 2 1/2 à 3 1/2 kilogrammes.
Origine	Croisement de chien de Poméranie nain avec le Maltais.

ÉCHELLE DES POINTS.

Apparence générale	20
Tête	10
Yeux	10
Oreilles	10
Corps	15
Pattes et pieds	10
Poil	15
Couleur	10
TOTAL. . .	100

Chow-Chow.

CHOU-CHOU.

Apparence générale . .	Un chien remuant, compact et ramassé, bien symétriquement formé, avec la queue bien enroulée sur le dos.
Tête	Crâne plat et large, le *stop* peu visible, bien descendu sous les yeux.
Museau	De longueur moyenne et large depuis les yeux jusqu'au bout (pas pointu comme le museau du renard).
Nez	Noir, large et spacieux. (Pour les chiens de couleur claire un nez couleur chair est admis.)
Langue	Un des points les plus caractéristiques de la race ; elle doit être de couleur noir violet.
Yeux	Foncés et petits. (Chez le chien de couleur bleue, un œil plus clair n'est pas un défaut.) Le regard est sombre, ténébreux et menaçant.
Oreilles	Petites, pointues et toujours portées debout. Elles doivent être placées bien au dessus des yeux, ce qui donne au chien son expression si caractéristique. Couvertes d'un poil court, fin et dense.

« Mr BOSCO II »
appartenant
à Mlle E. CASELLA, Londres.

Dents	Fortes et égales, s'adaptant bien.
Cou	Fort et épais, bien attaché entre les épaules, légèrement arqué.
Epaules	Musclées et obliques.
Poitrine	Large et profonde.

« CHOW VIII »

appartenant à Mlle E. BAGSHAW, Londres.

« PERIDOT II »

appartenant à Lady GRANVILLE GORDON, Londres.

« BLUE BLOOD »

appartenant à Lady GRANVILLE GORDON, Londres.

Dos	Court, droit et fortement développé.
Reins	Musclés.
Pattes de devant . . .	Bien droites, de longueur moyenne et de forte ossature.
Pattes de derrière . . .	Très musclées et les jarrets bas.
Pieds	Petits, ronds, bien d'aplomb sur les doigts.
Queue	Fortement recourbée sur le dos.
Poil	Abondant, dense, droit, assez dur au toucher et demi long, avec un sous-poil doux et laineux. La variété à poil ras est peu recherchée.
Couleur	Zain de toutes couleurs, mais classées d'après leur mérite en : rouge, noir, bleu, jaune brun, blanc, etc. La partie inférieure du corps et de la queue ont quelquefois une nuance plus claire. Les robes tachetées ou mouchetées sont de grands défauts.
Origine	Chinoise.
Défauts	Oreilles pendantes, langue rouge, queue non recourbée, taches blanches, nez couleur chair sauf dans la variété claire ou blanche.

ÉCHELLE DES POINTS.

Apparence générale 15
Tête et expression. 15
Langue 10
Dos et pattes de devant 10
Reins et pattes de derrière 10
Queue 15
Poil 15
Couleur 10

TOTAL. . . 100

Chow-Chow Club.

Présidente : Lady GRANVILLE GORDON . . . . Londres.
Secrétaire : W. R. TEMPLE, 66, Victoria Street, Londres S. W.
Cotisation : £ 1. 1 Sh.

« CHINÉE III », « JOHN CHINAMAN » et « TU-FU »
appartenant à Mme J. McLAREN MORRISON, Thirsk. (Gravure extraite du *Ladies' Kennel Journal.*)

33

Dingo.

CHIEN D'AUSTRALIE.

Apparence générale . .	Un chien ressemblant à un renard de grande taille.
Tête	Rappelant, comme forme, celle du renard.
Museau	Assez allongé.
Yeux	De couleur brun pâle; placés obliquement dans la tête, ils donnent au chien un regard faux et fuyant.
Nez	Toujours noir.
Lèvres	Assez serrées et non pendantes.
Mâchoires	Fortes et bien développées.
Dents	Fortement développées.
Oreilles	Petites et droites, de forme triangulaire, mais arrondies aux pointes.

« MYALL »

appartenant à Mme H. C. BROOKE, Bexley Heath. (Gravure extraite du livre *The Dog Owner's Annual*.)

« LUPUS »

appartenant à M. W. K. Taunton, Londres. (Gravure extraite du Journal *L'Éleveur*.)

Cou	Assez court et très fort, bien planté entre les épaules.
Épaules	Obliques et bien musclées.
Poitrine	Assez large et peu profonde.
Dos	Droit et fort.
Ventre	Légèrement retroussé.
Reins	Bien musclés.
Corps	Bien charpenté, aux formes solides et symétriques.
Pattes	Droites et de forte ossature.
Pieds	Ronds et petits.
Queue	Bien touffue, mais sans frange, portée soit pendante, soit avec une courbe sur le dos.
Poil	Court, épais et dense, sous-poil court et laineux.
Couleur	Roux pâle, gris cendré et bringé.
Hauteur au garrot . . .	Environ 5o centimètres.
Poids	Environ 3o kilogrammes.
Origine.	Australienne.

Eskimo Hund.

CHIEN DES ESQUIMAUX.

Apparence générale. . . .	Un chien ayant beaucoup de ressemblance avec le loup; de taille moyenne, bien bâti et enveloppé d'une épaisse fourrure.
Tête	Tête de loup, museau assez pointu.
Yeux	De couleur assez claire, placés obliquement dans la tête, ce qui donne au chien un regard faux, quoique son caractère ne le soit pas.
Oreilles	Petites, droites, les pointes arrondies, couvertes d'un poil dru, doux et court.

« MYOUK »

appartenant à Mᵐᵉ A. Brough, Londres. (Gravure extraite du livre *The Dog Owner's Annual*.)

« BELLA », « ZOLO » et « FIN III »
appartenant à M. K. J. H. Royaards, Utrecht. (Gravure extraite du Journal *Nederlandsche Hondensport.*)

« SIR JOHN FRANKLIN »
appartenant à M. W. K. Tauton, Londres. (Gravure extraite du livre *The Dog Owner's Annual.*)

« LOUP » et « MARPHA »

appartenant à Mme J. LEMAIRE, Paris. (Gravure extraite du Journal *Le Chenil*.)

Poitrine	Profonde, avec les épaules bien placées.
Corps	Assez long et bien musclé.
Pattes	Solidement bâties, surtout les pattes de derrière, car cet animal est un chien de trait; les poils sont courts.
Pieds	Ronds, avec les doigts bien arqués.
Queue	Très poilue et portée en trompette sur le dos.
Poil	Dense, épais et hérissé, au toucher dur et raide comme une brosse, principalement sur le dos; le

« HECTOR X »
appartenant à M. W. HULTZER, Amsterdam.

sous-poil est court et laineux, formant une enveloppe contre le froid.

Couleur	Gris argenté, quelquefois blanc sale.
Hauteur au garrot . . .	De 5o à 6o centimètres.
Poids	De 25 à 35 kilogrammes.
Origine	Les pays de l'extrême Nord.
Défauts	Oreilles tombantes, queue portée droite, couleur tachetée.

« ARTIC KING »
appartenant à Mme H. C. BROOKE, Londres. (Gravure extraite du livre *The Dog Owner's Annual*.)

- Groupe de Chiens Esquimaux du Jardin Zoologique de Londres.
(Gravure extraite du Journal *The Field*.)

Gronland Hund.

CHIEN DE GROËNLAND.

Apparence générale	Chien de moyenne grandeur, de bonne ossature.
Tête	De grandeur moyenne, le crâne large et voûté.
Museau	Pointu et de longueur moyenne.
Nez	Petit, rond et toujours noir.
Oreilles	Assez grandes en comparaison de la taille du chien; de forme triangulaire, pointues et toujours portées droites; l'intérieur de l'oreille bien couvert de poil.
Yeux	Petits, de forme ovale, foncés, avec un regard intelligent.
Cou	Fort, court et arqué; portant la tête haute quand le chien est en repos; quand il court, il tient la tête baissée.
Dos	Large.
Poitrine	Large et peu profonde.
Ventre	Pas relevé.
Pattes	De longueur moyenne; pattes de devant droites et sans frange; pattes de derrière légèrement arquées dans les jarrets.

« PERIAL »

appartenant à M. J. Petersen, Nysk.

Pieds . . . .   Gros et assez longs, avec des doigts serrés et des ongles bien développés.

Queue . . . .   Longue et couverte de poils touffus; les chiens adultes portent la queue recourbée sur le dos; les jeunes chiens la laissent souvent pendre.

Poil . . . .   Très dense, couché et long, d'une longueur de 4 centimètres sur le dos. Le sous-poil est dense et laineux. Le poil est court sur la tête et les pattes, plus long autour du cou et sur la queue.

Couleur . . . .   Noir ou brun foncé avec des taches blanches, poitrine blanche; la partie inférieure du corps et de la queue plus claire.

Hauteur au garrot . . .   De 55 à 60 centimètres.

Poids . . . .   Environ 30 kilogrammes.

Origine . . . .   Groënlandaise.

ÉCHELLE DES POINTS.

Apparence générale	30
Tête	10
Museau	10
Oreilles	10
Corps et pattes.	10
Poil	20
Couleur	10
TOTAL. . .	100

Dansk Jagtforenings.

Président : J. REEDTS THOTT . . . . Gauno.

Secrétaire : L. JUSTESEN . . . . Nykjobing.

Cotisation : 10 Krone.

Skandinavisk Elghund.

CHIEN DE LAPONIE ET DE FINLANDE.

Aptitudes . . . . Un chien employé comme chien de garde, de berger et de chasse.

Tête . . . . Assez longue et carrée. Le crâne légèrement bombé; le *stop* est visible, sans exagération. La tête est couverte d'un poil court et dense.

Museau . . . . Long et assez profond; l'os nasal a la même largeur sur toute la longueur.

« PERLA »
appartenant à S. A. R. le Prince DE GALLES. (Gravure extraite du livre *The Dog Owner's Annual*.)

« BJORN » et « GARD »

appartenant à MM. A. Huitfeldt et H. Wergeland, Christiania.

Lèvres	Bien serrées et peu pendantes ; presque aucune autre race n'a les lèvres aussi serrées contre les mâchoires.
Oreilles	Assez longues et toujours droites.
Yeux	De grandeur moyenne, foncés et légèrement proéminents.
Cou	De longueur moyenne, musclé et fort.
Dos	Tout droit et fort.
Poitrine	Assez large et profonde ; bien arquée.
Ventre	Légèrement relevé.
Pattes	De longueur moyenne, droites et fortes, les jarrets légèrement arqués et sans ergots.
Pieds	Petits, forts, assez longs ; les doigts ne sont pas trop arqués.
Queue	De longueur moyenne ; le poil, à la partie inférieure, est plus long sans toutefois former frange ou se terminer en pointe. Portée soit enroulée sur le dos, soit pendante avec une forte courbe.
Poil	Demi long et dur, à l'exception de la tête qui est couverte d'un poil court et dense. Sur le dos et autour du cou, le poil est un peu plus long ; quand le chien est en colère, les poils du dos sont hérissés.
Couleur	Le poil est brun sale avec pointes noires ; le sous-poil, brun jaune. Quelques chiens sont plus foncés, presque noirs avec une poitrine blanche. La couleur blanche est peu recherchée.
Hauteur au garrot . . .	De 5o à 55 centimètres.
Poids	Environ 25 kilogrammes.
Origine	Scandinavienne.
Défauts	Museau trop large, crâne trop bombé, frange à la queue, taches blanches sur le corps, ergots.

ÉCHELLE DES POINTS.

Apparence générale 10
Tête 10
Museau 10
Oreilles 10
Corps et pattes. 10
Poil 20
Couleur 30

TOTAL. . . 100

Dansk Jagtforenings.

Président : J. REEDTS THOTT . . . . Gauno.
Secrétaire : L. JUSTESEN . . . . Nykjobing.
Cotisation : 10 Krone.

Quelques Chiens devenus des Champions grâce aux Biscuits de la Maison SPRATT.

Chien d'Islande.

Apparence générale . . Un chien d'une apparence assez légère.
Tête . . . . Assez grande en comparaison de la taille du chien ; crâne assez bombé.
Museau . . . . Assez court et pointu.
Lèvres . . . . Courtes et assez serrées.
Oreilles . . . . Grandes, larges à la base, pointues, de forme triangulaire et toujours droites.
Yeux . . . . Petits et ronds, de couleur foncée.
Cou . . . . Légèrement arqué, portant la tête haute.
Dos . . . . Assez court.
Poitrine . . . . Large et profonde.
Ventre . . . . Relevé.

« NJORD »

appartenant au Comte DE RAVENTLOW, Copenhague. (Gravure extraite du livre *Billeder af Racehundene*.)

Pattes	Minces, bien d'aplomb, les jarrets bien courbés.
Pieds	Longs avec des doigts fluets et arqués.
Queue	Bien touffue et recourbée sur le dos.
Poil	De longueur moyenne, plus long autour du cou, sur le ventre et à la partie inférieure de la queue. Le poil est couché contre le corps; sur le museau et les pattes il est court. Les pattes de devant n'ont pas de frange.
Couleur	Fauve ou grisâtre, quelquefois blanc sale et jaunâtre. Une robe qui se rencontre souvent est la suivante : dessus du corps noirâtre; dessous du corps, pattes, collerette, dessous et pointe de la queue, blanc sale.
Hauteur au garrot . . .	De 3o à 4o centimètres.
Poids	Environ 2o kilogrammes.
Origine	Islandaise.

ÉCHELLE DES POINTS.

Apparence générale	3o
Tête	10
Museau	10
Oreilles	10
Corps et pattes.	10
Poil	20
Couleur	10
TOTAL. . .	100

Dansk Jagtforenings.

Président : J. REEDTS THOTT . . . . Gauno.
Secrétaire : L. JUSTESEN . . . . Nykjobing.
Cotisation : 10 Krone.

Norsk Hund.

CHIEN DE NORWÈGE.

Apparence générale . .	Un chien de forte ossature et de moyenne grandeur.
Tête	Assez grande et longue.
Crâne	Légèrement bombé.
Museau	Pointu.
Yeux	Placés assez obliquement dans la tête, en forme d'amande et de couleur foncée.
Nez	Toujours noir.
Lèvres	Courtes, non pendantes et bien serrées.

« VIKING »

appartenant à Mme W. HARBORD, Norwich. (Gravure extraite du *Ladies' Kennel Journal*.)

Chiens de Norwège idéaux, d'après le peintre anglais A. WARDLE.
(Gravure extraite du Journal *The Field*.)

Mâchoires	Fortes et souvent inégales, la supérieure légèrement proéminente.
Oreilles	De forme triangulaire et toujours droites, couvertes d'un poil court, doux et dense.
Dents	Pas trop grandes.
Cou	Fort et épais, assez court.
Epaules	Obliques, musclées et libres dans leurs mouvements.
Poitrine	Profonde.
Dos	Droit et fort.
Ventre	Légèrement relevé.
Reins	Bien musclés.
Pattes	Fortes et droites, les jarrets légèrement arqués.
Pieds	Assez longs et forts.
Queue	De longueur moyenne, bien touffue, sans frange ni panache et portée enroulée sur le dos.
Poil	Assez court, très fourni et assez dur; le sous-poil est.très dense.
Couleur	Fauve ou gris cendré avec extrémités plus claires.
Hauteur au garrot . . .	Environ 5o centimètres.
Poids	De 3o à 35 kilogrammes.
Origine	Norwégienne.
Défauts	Poil long et bouclé; autres couleurs que celles ci-dessus mentionnées.

ÉCHELLE DES POINTS.

Apparence générale	20
Tête	10
Yeux	5
Oreilles	10
Corps et pattes	15
Poil	20
Couleur	20
TOTAL . . .	100

Laika.

CHIEN DE SIBÉRIE.

Apparence générale . .	Chien de grandeur moyenne, bien charpenté et couvert d'une épaisse fourrure.
Tête . . . . . . , . .	De grandeur moyenne, crâne légèrement bombé, le *stop* à peine visible.
Museau . . . . : . .	Assez fin et pointu, l'os nasal légèrement courbé.
Yeux	Intelligents et pleins de feu, presque ronds, pas trop petits, de couleur brun foncé et placés assez obliquement dans la tête.
Nez	Toujours noir.
Lèvres	Serrées contre les mâchoires et peu pendantes.
Mâchoires	Fortes; la mâchoire supérieure est souvent plus longue que la mâchoire inférieure, *over shot*.
Dents	Fortes; mais pas trop grandes.
Oreilles	Larges à la base et se terminant en pointes; elles sont toujours portées droites.
Cou	Fort et musclé.
Epaules	Obliques.
Poitrine	Assez large et profonde; bien arquée.
Dos	Droit et fort.
Ventre	Légèrement relevé.
Reins	Bien musclés.
Pattes . . .'.	De longueur moyenne, les pattes sont droites et fortes. Les jarrets doivent toujours être légèrement courbés.
Pieds	Petits et solides, les soles bien fortes.
Queue	Forte et très touffue, sans panache; généralement portée enroulée sur le dos.

Le Laïka idéal,
d'après le peintre allemand L. BECKMANN.
(Gravure extraite
du livre *Der Rassen des Hundes*.)

« OBI » et « BOSCO »

appartenant au Capitaine J. WIGGINS, Kara.

Poil	Demi long, très dense, épais et non couché; autour du cou le poil est sensiblement plus long. Le sous-poil très épais et court.
Couleur	Noir, fauve foncé et noir et blanc; les chiens entièrement blancs sont très rares. Le dessous du corps et de la queue ainsi que le menton et le dessus des yeux sont plus clairs chez la variété fauve foncé.
Hauteur au garrot . . .	De 40 à 50 centimètres.
Poids	Environ 25 kilogrammes.
Origine.	Sibérienne.

ÉCHELLE DES POINTS.

Apparence générale	20
Tête	10
Museau	10
Oreilles	10
Corps et pattes	10
Poil	20
Couleur	20
TOTAL. .	100

opshond.

CARLIN.

Apparence générale . .	Un chien aux formes cubiques et trapues. Un Carlin étriqué et haut sur pattes, de même qu'un chien aux membres courts et au corps trop long, sont également défectueux.
Tête	Grosse, massive, sans être *apple headed* et sans sillon médian.
Museau	Court, obtus, carré, mais non retroussé.
Masque	Noir; plus le noir est intense et de nuance nette, mieux cela vaut.

« LOLA »

appartenant à M. C. E. GALLAND, Weighton. (Gravure extraite du Journal *Der Hunde-Sport*.)

« NIGGAR SAM »

appartenant à Mlle R. Mortivals, Takeley. (Gravure extraite du *Ladies' Kennel Journal*.)

Rides	Larges et profondes.
Yeux	De couleur foncée, très grands, hardis et proéminents, de forme ronde, doux et interrogatifs d'expression; très brillants et pleins de feu quand le chien est excité.
Oreilles	Minces, petites, douces comme du velours au toucher. Il y a deux sortes de formes d'oreilles, le *rose-* et le *button-ear;* on donne la préférence à la dernière conformation.
Corps	Court et ramassé, poitrine large, côtes arrondies.
Pattes	Très musclées, droites, de longueur moyenne et bien d'aplomb.
Pieds	Ni aussi longs que ceux du lièvre, ni aussi ronds que ceux du chat; doigts du pied bien séparés et les ongles noirs.
Queue	Enroulée aussi serrée que possible sur la hanche. Quand la queue décrit deux tours elle atteint la perfection.

« PUCKY »

appartenant au Cte H. de Bylandt, Bruxelles.

« BETLEY »

appartenant à M. Mathon, Uccle. (Gravure extraite du Journal *Chasse et Pêche*.)

Poil	Fin, court, doux et luisant; ni dur, ni laineux.
Couleur	*A*. Gris-argent-jaunâtre ou couleur abricot. La couleur doit être franchement accusée afin que le noir du masque et celui de la raie tranchent d'une façon nette sur le fond. *B*. Unicolore noir.
Marques	Bien définies. Le museau ou le masque, les oreilles, les petites taches sur les joues, la tache sur le front appelée *diamond* et la raie sur le dos doivent être aussi noires que possible.

« MÉDEBA »
appartenant à Mlle E. FULLARTON.

Raie.	Une raie noire, se prolongeant du front jusqu'à la queue.
Condition	Le Carlin doit être *multum in parvo*, mais cette combinaison de bonnes qualités sera représentée par ses formes trapues, sa bonne symétrie et la vigueur de ses muscles développés.
Hauteur au garrot . . .	De 25 à 30 centimètres.
Poids	De 5 1/2 à 8 kilogrammes.
Origine	Le Carlin grisâtre (et ses nuances) est d'origine hollandaise, tandis que le Carlin noir est probablement originaire de la Chine et est vraisemblablement croisé avec l'autre variété, afin d'obtenir un chien noir répondant à tous les points mentionnés ci-dessus.

« PUSSEL »
appartenant à Mlle M. JOSEPH, Stuttgart.

«MUPPEL »
appartenant à Mme P. C. PRINS, Voorburg.

« LITTLE NAP »   « BLACK GEM »

« NAP II »   « BLACK BERRY »

appartenant à Mme M. D. ROBINSON, Londres. (Cliché gracieusement prêté par le *Kennel Club Hollandais Cynophila*.)

« DRUMMER KING »
« LITTLE DOROTHY »   « PRINCESSE ALINE »
appartenant à Mme W. RIDLER, Londres.

ÉCHELLE DES POINTS.

Apparence générale	5
Tête	5
Museau	5
Masque	5
Rides.	5
Yeux	10
Oreilles	5
Corps	10
Pattes	5
Pieds.	5
Queue	5
Poil	5
Couleur	5
Raie	5
Condition	5
Hauteur	5
Symétrie.	10
TOTAL. . .	100

« BEIRA »
appartenant à Mlle J. TIVIELD, Tricotrin.
(Gravure extraite du Journal *Our Dogs*.)

« VISCOUNT OF LUNESDALE »

appartenant à Mme J. Horner, Lunesdale. (Gravure extraite du Journal *The Stock-Keeper*.)
(Cliché gracieusement prêté par le *Kennel Club Hollandais Cynophilia*.)

Pug Dog Club.

Président : Rev. G. C. Dicker . . . . Birkenhead.
Secrétaire : T. Proctor . . . . 90, Kirkgate, Leeds.
Cotisation : £ 1. 1 Sh.

London and Provincial Pug Club.

Président : W. Pohl . . . . Londres.
Secrétaire : J. Fabian . . . . . 460, Northride, Londres.
Cotisation : 10 Sh. 6 d.

Copyright
Spratt's Patent Limited.
Meat Fibrine Vegetable Dog Cakes

« KING COLE »

appartenant à Mᵐᵉ H. M. WIMBUSH, Finchley. (Gravure extraite du *Ladies' Kennel Journal*.)

ENTRÉE INTERDITE

Spécimen de gravure du Journal hollandais *Nederlandsche Sport*.

Carlin

A POIL LONG.

Le Carlin à poil long (1) est une des dernières inventions; il a les mêmes points que la variété à poil ras, excepté :

Poil . . . . Assez long, mais ni bouclé, ni frisé, la queue bien touffue.

Origine. . . . . . . Croisement avec un chien à poil long ou importé de la Chine?

« HODGE »

appartenant à Mme M. Tulk, Cambs. (Gravure extraite du *Ladies' Kennel Journal*.)

---

(1) *Note de l'auteur*. — Le Carlin à poil long a quelque ressemblance avec le chien d'Alicante, une race presque disparue.

Piccoli Levrieri.

LEVRON (1).

Apparence générale . .	Un Lévrier anglais en miniature.
Tête	Longue; crâne plat et s'amincissant graduellement vers le nez.
Oreilles	Bien placées en arrière de la tête, minces et fines, tombant en arrière et de côté, laissant voir l'intérieur de la conque.
Yeux	Assez grands et clairs; non proéminents, ni humides.
Cou	Long, mince, souple et gracieusement arqué.
Dos	Légèrement arqué, bien descendu vers la queue.
Poitrine	Étroite et profonde, aux épaules obliques, côtes fines, le ventre très relevé, *levretté*.
Pattes	Droites et très fines d'ossature, coudes bas; les jarrets sont très développés.
Pieds	Longs, *hare feet,* aux doigts bien courbés.
Poil	Court, fin, mince, doux et soyeux.

Levrons idéaux, d'après le peintre anglais R. H. MOORE.
(Gravure extraite du livre *Modern Dogs.*)

---

(1) *Note de l'auteur.* — Au féminin, Levrette.

« PRINCE CHARMING », « PRINCESS ZOTA » et « LADY GRACE »

appartenant à M⁰ˢ J. Anstice, Londres. (Gravure extraite du Journal *The Stock-Keeper*.)

appartenant au Docteur A. Dietz, Francfort. (Gravure extraite du Journal *Der Hunde-Sport*.)

Couleur	La couleur unicolore est la plus recherchée, soit daim, gris souris ou couleur crême, dans leurs différentes nuances.
Hauteur au garrot . . .	Moins de 35 centimètres.
Poids	Moins de 3 1/2 kilogrammes.
Origine	Italienne.
Défauts	Tête ronde, crâne bombé, yeux humides, oreilles droites, couleurs bringées, mouchetées ou tachetées.

« PÉPITA »
appartenant à M. A. Dietz, Francfort.
(Cliché gracieusement prêté
par le *Kennel Club Hollandais Cynophilia*.)

ÉCHELLE DES POINTS.

Symétrie.	25
Tête	15
Oreilles et yeux	15
Pattes et pieds	10
Queue	5
Poil	10
Couleur	10
Hauteur	10
TOTAL. . .	100

« LÉDA »
appartenant à Mme A. Ravry, Paris.

« DIDO »
appartenant à Mlle H. M. Mackensie, Londres.
(Gravure extraite du *Ladies' Kennel Journal*.)

Chien d'Alicante.

Apparence générale	Un petit chien de dame aux formes ramassées et trapues.
Tête	Assez grosse, ronde et massive.
Stop	Bien visible.
Crâne	Légèrement arrondi.
Museau	Court et carré, mais pas retroussé.
Yeux	Grands, ronds, assez proéminents et de couleur brune, l'expression peu intelligente.
Oreilles	Petites et tombantes, bien couvertes de poil.
Nez	Noir.
Dents	S'adaptant parfaitement, la mâchoire inférieure ne doit pas être saillante.
Cou	Fort et bien musclé.
Épaules	Bien musclées.
Poitrine	Large et profonde.
Dos	Court, fort, assez large et légèrement arqué près des reins.
Ventre	Légèrement relevé.
Reins	Bien en chair.
Corps	Ramassé, trapu et court.
Pattes	De forte ossature, droites et bien musclées, de longueur moyenne.
Pieds	Petits et ronds (*cat-feet*), les doigts bien arqués, les ongles noirs.
Queue	Pas trop longue, très touffue et portée recourbée sur la hanche.
Poil	Assez long, ondulé ou bouclé, rappelant un peu la toison du Caniche à poil laineux.
Couleur	Roux, brun ou jaune.
Hauteur au garrot	De 25 à 35 centimètres.
Poids	Environ 9 kilogrammes.
Origine.	Valence.

elita.

CHIEN MALTAIS.

Apparence générale . .   Un petit chien de dame, assez trapu et couvert de longs poils soyeux.

Crâne . . . .   Assez large, paraissant rond à cause des oreilles et couvert de longs poils soyeux.

Museau . . . .   Pas trop long et s'amincissant vers le nez.

Nez . . . .   Court et toujours noir, mais pas retroussé.

Yeux . . . .   Foncés ou noirs, comme ceux du Carlin.

« FLOSS » et « LULU »

appartenant à Mme C. PETTIT, Londres. (Cliché gracieusement prêté par le *Kennel Club Hollandais Cynophilia.*)

« RITA »

appartenant à Mme J. HARDIVILLER, Paris. (Gravure extraite du Journal *Le Chenil*.)

Le Chien Maltais idéal, d'après le peintre anglais A. WARDLE.
(Gravure extraite du livre *Modern Dogs*.)

Oreilles	Placées assez haut sur la tête, tombantes et couvertes de longs poils soyeux.
Corps	Profond de poitrine, pas trop court, reins bien arqués, dos droit.
Pattes	Courtes et bien placées en dessous du corps, couvertes abondamment de longs poils soyeux.
Ongles	Noirs.
Queue	Pas trop longue, portée recourbée sur le dos, garnie de longs poils soyeux.
Poil	Long, doux et soyeux, non bouclé mais légèrement ondulé, de 20 à 25 centimètres de longueur.
Couleur	Unicolore blanc.
Hauteur au garrot	De 20 à 30 centimètres.
Poids	De 2 à 3 kilogrammes.
Origine	Ile de Malte.
Défauts	Autres couleurs que le blanc, nez rose, oreilles droites et poil bouclé.

« FIDO »

appartenant à Mⁿᵉ L. MANDEVILLE, Londres. (Gravure extraite du Journal *Le Chenil*.)

« SUNA »
appartenant à Mme A. FISCHER, Berlin.

ÉCHELLE DES POINTS.

Apparence générale	5
Tête	5
Yeux	5
Oreilles	5
Nez	5
Queue	15
Poil	30
Couleur	20
Hauteur	10
TOTAL. . .	100

Chiens de la Havane et de Manille.

Ces soi-disant noms de races ne sont que les synonymes des Chiens Maltais; toutefois, quelques amateurs nomment Chiens de la Havane ou de Manille des Chiens Maltais d'une taille plus élevée (25 à 35 centimètres).

Les autres points sont conformes à ceux du Chien Maltais.

Chien Bolognais.

Apparence générale . . Un petit chien de dame, assez paresseux et dolent de sa nature.
Tête . . . . Assez large, le museau pas trop long.
Nez . . . . Toujours noir, mais pas retroussé entre les yeux.
Yeux . . . . Grands, foncés et humides.
Oreilles . . . . Tombantes, quoique légèrement relevées vers les côtés, donnant à la tête une apparence plus large, bien couvertes de poil long et bouclé.
Corps . . . . Pas trop court, profond de poitrine, le dos droit.
Pattes . . . . Courtes et droites, bien couvertes de longs poils frisottés.

« BLANCHETTE », Bolognais, à Mme A. GUILLEMET. Nice.
« PIPERLIN », Maltais, à Mme C. LACROIX, Marseille.
(Gravure extraite du Journal *L'Acclimatation*.)

Pieds . . . . Assez longs, cachés par le poil, ongles noirs.
Queue . . . . Très touffue et portée sur le dos.
Poil . . . . Long, soyeux et frisé en boucles, plus court sur le museau.
Couleur . . . . . . Unicolore blanc.
Hauteur au garrot . . . De 20 à 30 centimètres.
Poids . . . . De 2 à 3 kilogrammes.
Origine . . . . Bolognaise.

Leeuwtje.

PETIT CHIEN LION.

Apparence générale . .	Petit chien de dame, très vif et intelligent, toujours tondu et ressemblant ainsi avec sa crinière à un lion en miniature.
Tête	Courte, crâne assez large.
Nez	Noir et non retroussé.
Yeux	Ronds, grands et intelligents, de couleur foncée.
Oreilles	Pendantes, longues et bien garnies de franges.
Corps	Petit, court, mais de bonne symétrie.
Pattes	Droites et fines.
Pieds	Petits et ronds.
Queue	De longueur moyenne, rasée suivant la mode, près de la racine et formant un beau panache à l'extrémité.
Poil	Assez long et ondulé, mais non bouclé.
Couleur	Toutes les robes sont admises, soit unicolores, soit tachetées; les couleurs les plus recherchées sont le blanc, le noir et le citron.
Hauteur au garrot . . .	De 20 à 35 centimètres.
Poids	De 2 à 4 kilogrammes.
Origine	Croisement.

« DIANE »

appartenant à Mlle J. van den Eynde, Anvers.

Pekinese Spaniel.

ÉPAGNEUL DE PÉKIN (1).

Apparence générale . .	Un petit chien lourd, de forte ossature, du type de petit Boule-Dogue ou de Carlin, mais à poil long.
Tête	Grande et très large.
Crâne	Très arrondi et large entre les yeux.
Stop	Bien visible.
Museau	Profond, large et carré.
Yeux	Grands, foncés et brillants, très proéminents et placés loin l'un de l'autre.
Nez	Noir et assez enfoncé.
Joues	Bien remplies.
Lèvres	Assez pendantes.

« PEKIN PETER »

appartenant à Mme G. KINGSCOTE, Headington. (Gravure extraite du Journal *Our Dogs*.)

---

(1) *Note de l'auteur*. — Cette race est souvent nommée Tientsin Spaniel, mais est alors plus grande.

« PEKIN PING »

appartenant à Mme G. KINGSCOTE, Headington. (Gravure extraite du Journal *Our Dogs*.)

Mâchoires	Égales; la mâchoire inférieure ne doit pas être relevée comme chez l'Épagneul Japonais.
Dents	Petites et bien formées.
Oreilles	Longues et couvertes d'un poil long et soyeux comme chez l'Épagneul Anglais.
Cou	Fort et court.
Epaules	Basses et obliques.
Poitrine	Large et profonde, spacieuse et assez pendue entre les pattes de devant.

« CHANGWOO »

appartenant à Mme G. KINGSCOTE, Headington. (Gravure extraite du Journal *Our Dogs*.)

« PEKIN PRINCE », Épagneul Chinois.
« O'STONEO BROKEO », Épagneul Japonais.
appartenant à Mme G. KINGSCOTE, Headington. (Gravure extraite du Journal *Our Dogs*.)

Dos . . . .   Court et fort, pas droit mais légèrement courbé et descendant vers la queue.

Corps . . . .   Compact et de bonne ossature.

Pattes . . . .   Très fortes, beaucoup d'ossature et bien frangées, les pattes de devant placées loin l'une de l'autre (*out of elbows*).

Pieds . . . .   Petits et ronds.

Queue . . . .   Portée en demi cercle sur le dos, bien frangée, pas fortement enroulée, ce qui dénoterait une preuve de croisement avec l'Épagneul Japonais.

Poil . . . .   Long, droit, dur, avec un sous-poil épais et fourni ; autour du cou le poil forme une belle crinière.
                            Il existe aussi une variété à poil ras.

Couleur . . . .   Noir, noir et blanc, bringé, brun fauve, fauve et blanc. Pour les bringés et les fauve et blanc, un masque noir est préférable.

Hauteur au garrot. . .   De 23 à 35 centimètres.

Poids . . . .   De 2 à 5 kilogrammes.

Origine . . . .   Chinoise.

Spaniels.

Blenheim Spaniel.

Apparence générale . . Un chien aussi ramassé que le Carlin; mais la longueur de son poil ajoute beaucoup à son volume apparent; aussi quand le chien est mouillé, paraît-il beaucoup plus petit que le Carlin. Le corps doit toujours être très ramassé (*cobby*) et supporté par des pattes fortes et solides; le dos est large ainsi que la poitrine.

« LORD TENNYSON »

appartenant à Mme L. E. Jenkins, Londres. (Gravure extraite du Journal *Der Hunde-Sport*.)

« CHAMPION MAY QUEEN II »
appartenant à Mme R. GRAVES, Londres.

La symétrie a beaucoup d'importance pour le Toy-Spaniel, quoiqu'il pèche rarément sous ce rapport.

Tête . . . . Crâne bien voûté en dôme, semi globulaire; chez quelques bons exemplaires le front s'avance parfois au dessus des yeux de façon à rencontrer à peu près le nez, qui est retroussé.

Yeux . . . . Assez écartés l'un de l'autre, à la hauteur de la ligne du museau, placés ni obliquement, ni comme ceux du renard. Les yeux sont grands et proéminents, presque tout à fait noirs; l'énorme pupille noire leur donne un éclat intense. A cause de leur grandeur, ils sont souvent larmoyants et les angles intérieurs des yeux sont humides, par suite d'une anomalie dans la disposition du canal lacrymal.

Cassure du nez . . . . Le *stop* est profond, aussi marqué que chez les Bull-Dogues, souvent même davantage. Quelques bons exemplaires ont un creux assez profond pour pouvoir y placer une petite bille.

Nez . . . . De couleur noire; court et bien retroussé entre les yeux, sans aucune indication ou preuve que ceci soit le résultat d'une opération; profond et large, les narines bien ouvertes

Mâchoires . . . . . La mâchoire inférieure large entre les maxillaires, donnant de la place à la langue, et pour l'annexe de la lèvre inférieure, qui doit cacher complètement les dents. La mâchoire inférieure doit être retroussée de façon à pouvoir rejoindre la mâchoire supérieure recourbée elle-même vers le haut.

« GRACE DARLING » et « CHAMPION BOWSIE »

appartenant à Mme L. E. JENKINS, Londres, (Gravure extraite du Journal *Chasse et Pêche.*)

Oreilles	Aussi longues que possible, touchant quelquefois la terre. Elles ont une longueur moyenne de 50 centimètres, quelquefois 55 centimètres et plus. Elles sont attachées bas à la tête et garnies de longues franges.
Corps	Bien ramassé.
Pattes	Droites, fortes et solides.
Pieds	Bien garnis de longs poils.
Queue	Raccourcie à une longueur de 9 à 10 centimètres.

La queue ne doit pas être relevée plus haut que le dessus du niveau de la ligne dorsale.

Poil . . . . Doit être long, soyeux, doux et ondulé, mais non bouclé. Une abondante crinière couvre le devant de la poitrine. La frange (*feather*) doit être bien développée sur les oreilles et aux pieds sur lesquels elle sera assez longue pour qu'ils en paraissent palmés.

Le panache de la queue doit être soyeux, avoir une longueur de 12 à 15 centimètres et former un *flag* de forme carrée.

« SYRENE »
appartenant à Mlle J. App, Londres.

Couleur . . . . Jamais unicolore. Le fond de la robe doit être blanc avec des taches d'un rouge châtain ou rubis, régulièrement distribuées en grandes plaques sur tout le corps.

Les oreilles et les joues doivent être rouges, le chanfrein blanc depuis le nez en remontant sur tout le front et se terminant près de l'attache des oreilles en forme de demi lune. Au milieu du front doit se trouver une tache rouge (*spot*) de la grandeur d'une pièce d'un franc.

Hauteur au garrot . . .	De 23 à 25 centimètres.
Poids	De 3 à 4 1/2 kilogrammes.
Origine	Anglaise.

« DARLING » et « BEAUTY »

appartenant à Mme J. RENOUARD, Paris. (Gravure extraite du Journal *L'Acclimatation*.)

« POLO » et « BUDA »
appartenant à Mme W. Ford Bagnall, Sutton.
(Cliché gracieusement prêté
par le *Kennel Club Hollandais Cynophilia.*)

« MAGIC »
appartenant à Mme E. Forder, South Lambeth.
(Gravure extraite du Journal *Our Dogs.*)

« BENDIGO BOWSIE »
appartenant à Mme L. E. Jenkins, Londres. (Gravure extraite du Journal *Our Dogs.*)

ÉCHELLE DES POINTS.

Apparence générale 20
Tête 15
Cassure du nez. 5
Museau 10
Yeux 5
Oreilles 10
Poil et frange 15
Couleur et marques 15
Spot 5
                                  _____
                    TOTAL. . . 100

Toy Spaniel Club.

Président : J. W. BERRIE . . . . Londres.
Secrétaire : Capt. H. COLLIS . . . Rusham House, Egham.
Entrée : 10 Sh. 6 d.;
Cotisation : £ 1. 1 Sh.

uby Spaniel.

Les points du Ruby Spaniel sont exactement les mêmes que pour la variété Blenheim à l'exception de la

Couleur . . . . Unicolore rouge châtain.

Quelques poils blancs égarés *parmi* les poils rouges de la poitrine ne sont pas une cause de disqualification, mais bien de dépréciation, tandis qu'une tache blanche à la poitrine ou des poils blancs sur une autre partie du corps entraînent la disqualification.

« PIGEON BLOOD »
appartenant à Mme J. McLaren Morrison, Londres.

ÉCHELLE DES POINTS.

Apparence générale 20
Tête 15
Cassure du nez. 5
Museau 10
Yeux 10
Oreilles 15
Poil et frange 15
Couleur 10

TOTAL . . . 100

« VAINQUEUR »
(Élevé aux Spratt's Patent *Pet Dog Cakes*.)

Toy Spaniel Club.

Président : J. W. BERRIE . . . . Londres.
Secrétaire : Capt. H. COLLIS . . . Rusham House, Egham.
Entrée : 10 Sh. 6 d. ;
Cotisation : £ 1. 1 Sh.

Spaniels.

King Charles.

Apparence générale	Un chien aussi ramassé que le Carlin, mais la longueur de son poil ajoute beaucoup à son volume apparent; aussi quand il est mouillé il paraît beaucoup plus petit que le Carlin. Le corps doit toujours être très ramassé (*cobby*) et supporté par des pattes fortes et solides; le dos est large ainsi que la poitrine.
	La symétrie a beaucoup d'importance pour le Toy-Spaniel, quoiqu'il pèche rarement sous ce rapport.
Tête	Crâne bien voûté en dôme, semi globulaire; chez quelques bons exemplaires le front s'avance parfois au dessus des yeux de façon à rencontrer à peu près le nez, qui est retroussé.
Yeux	Assez écartés l'un de l'autre, à la hauteur de la ligne du museau, placés ni obliquement, ni comme ceux du renard. Les yeux sont grands et proéminents, presque tout à fait noirs; l'énorme pupille noire leur donne un éclat intense. A cause de leur grandeur, ils sont souvent larmoyants et les angles intérieurs des yeux sont humides par une anomalie dans la disposition du canal lacrymal.
Cassure du nez	Le *stop* est profond, aussi marqué que chez les Bull-Dogues, souvent même davantage. Quelques bons exemplaires ont un creux assez profond pour pouvoir y placer une petite bille.

« ROYAL »
appartenant
à Mᵐᵉ V. Renouard, Paris.

« QUEEN OF THE SOUTH »

appartenant à Mme M. Cousins, Southsea. (Gravure extraite du Journal *The British Fancier*.)

(Cliché gracieusement prêté par la propriétaire Mme M. Cousins, Southsea.)

Nez	De couleur noire, court et bien retroussé entre les yeux, sans aucune indication ou preuve que ceci soit le résultat d'une opération; profond et large, les narines bien ouvertes.
Mâchoires	La mâchoire inférieure large entre les maxillaires donnant de la place à la langue, et pour l'annexe de la lèvre inférieure, qui doit cacher complètement les dents. La mâchoire inférieure doit être retroussée de façon à pouvoir rejoindre la mâchoire supérieure recourbée elle-même vers le haut.
Oreilles	Aussi longues que possible, plus longues que celles des variétés précédentes.
	Elles ont une longueur moyenne de 55 centimètres, quelquefois 60 centimètres et plus. Elles sont attachées bas à la tête et garnies de longues franges.
Corps	Bien ramassé.
Pattes	Droites, fortes et solides.
Pieds	Bien garnis de longs poils.

« PRECIOSA »
appartenant à Mme J. McLaren Morrison, Londres.

« DARLING »
appartenant à Mme A. SIGMUND, Berlin.
(Cliché gracieusement prêté par le *Kennel Club Hollandais Cynophilia.*)

1. « HARFORD JUMBO »; 2. « LORD TENNYSON »; 3. « DAY DREAM »;
4. « BENDIGO BOWSIE »; 5. « LITTLE GEM »; 6. « ZINGARI II ».
appartenant à Mme L. E. JENKINS, Londres. (Gravure extraite du Journal *Our Dogs.*)

Queue . . . .   Raccourcie à une longueur de 9 à 10 centimètres.
La queue ne doit pas être plus relevée que le dessus du niveau de la ligne dorsale.

Poil . . . .   Doit être long, soyeux, doux et ondulé, mais non bouclé.
Une abondante crinière couvre le devant de la poitrine.
La frange (*feather*) doit être bien développée sur les oreilles (plus longues de 3 centimètres ou plus que celle des variétés précédentes) et aux pieds sur lesquels elle sera assez longue pour qu'ils en paraissent palmés.

Le panache de la queue doit être soyeux, avoir une longueur de 12 à 15 centimètres et former un *flag* de forme carrée.

« CHAMPION LAUREATE »
appartenant
à Mᵐᵉ J. McLaren Morrison, Londres.

Couleur . . . .   Une belle nuance noir jais relevée par un beau *feu* intense, taches de feu au dessus des yeux et sur les joues; les marques sur les pattes sont également prescrites. Quelques poils blancs égarés *parmi* les poils de la poitrine ne sont pas une cause de disqualification, mais bien de dépréciation ; une tache blanche à la poitrine ou des poils blancs sur une autre partie du corps entraînent la disqualification.

Hauteur au garrot . . .   De 23 à 32 centimètres.
Poids . . . .   De 3 à 5 kilogrammes.
Origine . . . .   Anglaise.

Le Club, ainsi que l'échelle des points, sont les mêmes que pour le Ruby Spaniel.

« PAYMASTER », King Charles   « BENDIGO BOWSIE », Blenheim Spaniel
« BOBBIE BURNS », Prince Charles   « JASPER », Ruby Spaniel

appartenant à Mmes J. Pottell, L. Jenkins, J. Jeffery et G. Kingscote.

(Cliché gracieusement prêté par le *Kennel Club Hollandais Cynophilia*.)

Prince Charles.

Les points de l'Épagneul Prince Charles sont exactement les mêmes que pour ceux de la variété du King Charles à l'exception de la

Couleur . . . . Le fond de la robe est blanc, taches de *feu* au dessus des yeux, sur les joues et les marques sur les pattes. Le corps est couvert de grandes taches noires, oreilles et mâchoires noires ; le chanfrein, blanc depuis le nez, remonte sur tout le front et se termine près de l'attache des oreilles en forme de demi lune.

« BONNIE », « BIG BOY » et « BRIDGET »
appartenant
à M. L. R. DOBBELMANN, Rotterdam.

Les oreilles et le dessous de la queue doivent également être bordés de *feu*. Il n'y a pas de tache *feu* sur le front (*spot*), cette marque de beauté étant une particularité propre à l'Épagneul Blenheim seul.

« MUCHALL KO-KO »
« MUCHALL STAR »   « MUCHALL MOLLIE BAWN »
appartenant à Mᵐᵉ L. H. THOMPSON, Londres. (Gravure extraite du *Ladies' Kennel Journal*.)

« DUKE OF RICHMOND »

appartenant à Mme H. Clare, Chester. (Gravure extraite du Catalogue illustré du *Cruft Show*.)

ÉCHELLE DES POINTS.

Apparence générale	20
Tête	15
Cassure du nez	5
Museau	10
Yeux	10
Oreilles	15
Poil et frange	15
Couleur	10
Total. . .	100

Toy Spaniel Club.

Président : J. W. Berrie . . . . Londres.
Secrétaire : Capt. H. Collis . . . Rusham House, Egham.
Entrée : 10 Sh. 6 d. ;
Cotisation : £ 1. 1 Sh.

Chin-Chin.

ÉPAGNEUL JAPONAIS (1).

Apparence générale . .	Petit chien de dame, très ramassé et ayant beaucoup de ressemblance avec les Épagneuls Anglais.
Tête	Très grande en comparaison du corps, crâne très large et légèrement arrondi.
Museau	Fort et large, très court des yeux jusqu'au nez.
Mâchoires	La mâchoire supérieure est légèrement retroussée entre les yeux; la mâchoire inférieure également retroussée afin d'atteindre la mâchoire supérieure. Une mâchoire inférieure un peu proéminente n'est pas un défaut, pourvu que les dents ne soient pas visibles.
Cassure du nez	Profonde et bien visible.

« YUM-YUM » et « YEDDO »
appartenant à Mme V. von Rossmanit, Berlin. (Gravure extraite du Journal *Der Hunde-Sport.*)

---

(1) *Note de l'auteur.* — On nomme Nepalese Spaniel un Épagneul Japonais d'une taille plus forte.

« LI-CHANG » et « CHANGWOO »

appartenant à la Baronne D'ULM-ERBACH, Berlin. (Gravure extraite du Journal *Chasse et Pêche*.)

« NANKI-PUH », « KATISCHA » et leurs enfants
appartenant à Mme J. Nickau, Leipzig. (Gravure extraite du Journal *Der Hunde-Sport.*)

Nez	Très court et retroussé, large et les narines bien ouvertes. Sa couleur suit celle de la robe; noir chez les chiens blancs et noirs, rouge brun ou couleur chair chez les chiens rouges ou bruns-jaunes et blancs, mais un nez noir chez ces dernières couleurs n'est pas une disqualification.
Yeux	Grands, foncés, luisants, proéminents et placés loin l'un de l'autre.
Oreilles	Petites et triangulaires, en forme de V, bien frangées, placées haut sur la tête et portées légèrement en avant.
Cou	Court et assez épais.
Poitrine	Assez large.
Corps	Très ramassé et de forme carrée, dos court, poitrine assez large; en général, une structure *cobby*. Le corps est carré parce que la longueur a la même dimension que la hauteur au garrot. Les chiennes sont un peu plus longues de corps.
Pattes	D'ossature légère et bien frangées.
Pieds	Petits, en forme de pattes de chat, *cat-feet;* le chien doit bien se tenir d'aplomb sur les doigts du pied; bien frangés, mais jamais dans le sens de la largeur ce qui ferait paraître le pied plus large.
Queue	Portée enroulée sur le dos, pourvue d'une longue frange formant un beau panache.
Poil	Abondant, long, droit et légèrement soyeux; ni ondulé, ni bouclé et pas trop couché, mais plutôt légèrement

« MIKADO »

appartenant à la Duchesse DE PERSIGNY, Paris. (Gravure extraite du Journal *Le Chenil*.)

hérissé, surtout autour du cou pour former une crinière qui, jointe à l'abondante frange des hanches et de la queue, donne au chien un aspect agréable et ornemental.

Couleur . . . . Noir, rouge, jaune citron ou blanc, soit unicolore, soit tacheté ; la dernière variété est préférable. Le fond de la robe ainsi que le chanfrein sont blancs, tandis que les autres couleurs sont partagées en grandes taches sur le corps ainsi que sur les oreilles et les joues. Quelquefois les marques sont celles de l'Epagneul Blenheim y compris le *spot* sur le front, mais il y a souvent plus de couleur à la tête, sur le dos (en forme de selle) et à la queue.

Toutes les formes de taches sont admises pourvu que les couleurs soient distinctes et distribuées régulièrement sur le corps.

Hauteur au garrot . . . Environ 25 centimètres.

Poids . . . . De 1 1/2 à 5 kilogrammes ; le plus léger est le plus recherché si le chien reste bien symétrique et proportionné.

Origine . . . . Japonaise.

« O STONEO BROKEO »
appartenant à Mme G. Kingscote, Headington.
(Gravure extraite du Journal *Our Dogs*.)

« DAY BUTZN »
appartenant à Mme J. Addis, Liverpool.
(Gravure extraite du *Ladies' Kennel Journal*.)

« ITTI » et « KUMA »

appartenant à S. M. l'Impératrice d'Allemagne. (Gravure extraite du Journal *Chasse et Pêche.*)

« SASAKI »

appartenant à Mme J. McLaren Morrison, Londres. (Gravure extraite du *Ladies' Kennel Journal*.)

ÉCHELLE DES POINTS.

Tête { Grandeur et forme du crâne .	10	
Museau court	10	
Largeur du museau . . .	5	25
Yeux		10
Oreilles		10
Poil et couleur		15
Pattes et pieds		10
Queue		10
Apparence générale		20
TOTAL . . .		100

Japanese Spaniel Club.

Président : A. Lindsay Hogg . . . . Londres.
Secrétaire : E. W. Murphy . . . Brandon Farm, Birkenhead.
Cotisation : £ 1. 1 Sh.

« TSICO » et « OSEKI »

appartenant à Mme A. Bonnus, Bruxelles. (Gravure extraite du Journal *Chasse et Pêche*.)

Épagneul Papillon.

CHIEN ÉCUREUIL (1).

Apparence générale . .	Un petit chien de dame, très vif et intelligent.
Tête	Petite, au museau assez effilé, le crâne légèrement arrondi.
Yeux	Ronds et placés assez bas dans la tête, de couleur foncée et très vifs.
Nez	Toujours noir.
Oreilles	Placées haut sur le crâne, portées soit droites en forme d'ailes de papillon déployées, soit tombantes et très frangées.
Lèvres	Minces et serrées.
Cou	Pas trop court.

« INÈS »

appartenant à Mme DE POMPADOUR, Paris. (Gravure extraite du Journal *Le Chenil*.)

---

(1) *Note de l'auteur*. — Deux noms pour désigner une race; le mot papillon trouve son origine dans les oreilles droites, larges et ouvertes imitant assez bien les ailes d'un papillon ; par contre, le nom d'écureuil vient de la grande et grosse queue touffue portée comme celle de l'écureuil.

Epaules	Bien développées.
Poitrine	Assez profonde.
Dos	Droit et pas trop court.
Ventre	Légèrement relevé.
Reins	Assez arqués.
Corps	Assez long et bien formé; il n'est pas aussi *cobby* que le Blenheim Spaniel.

« TOTO » et « COQUETTE »

appartenant à Mᵐᵉ M. Prédefer, Colombes.

Pattes	Droites et assez courtes.
Pieds	Longs.
Queue	Longue, reposant sur le dos et très frangée.
Poil	Abondant, long et soyeux; sur le museau et le devant des pattes le poil est court.
Couleur	Unicolore. brun acajou ou blanc avec des taches brun acajou.
Hauteur au garrot . . .	De 20 à 25 centimètres.
Poids	De 3 1/2 à 4 1/2 kilogrammes.
Origine	Continentale.

« DOM »

appartenant à M. R. Kistemaeckers, Bruxelles.

Chiens Nus.

Les différentes variétés, j'ose presque dire les différentes races de chiens nus, sont encore trop peu connues et les points n'en sont pas encore officiellement établis, pour pouvoir les énumérer.

Leur origine est très variable : l'Amérique du Sud et Centrale, la Patagonie, l'Afrique du Sud, le Mexique et la Chine, forment le berceau de ces différentes variétés de chiens.

« ZULU CHIEF », Chien de l'Afrique du Sud
appartenant à M. S. WOODIWISS, Londres.
(Gravure extraite du livre *The Dog Owner's Annual*.)

Toutes ces variétés sont complètement nues à l'exception de celles du Mexique et de l'Afrique du Sud.

Ces dernières ont une touffe de poils sur le crâne, tandis que les précédentes portent encore un beau plumet à la pointe extrême de la queue, ce qui augmente leur apparence caractéristique.

Généralement, les poils formant la touffe de la variété mexicaine sont plus courts que ceux de la race africaine.

Le port des oreilles diffère : le plus souvent l'oreille est droite, sans être coupée; quelquefois tombante ou portée comme chez les Lévriers.

La forme du corps rappelle beaucoup celle du Black and Tan Terrier et du Levron, mais la tête est plus courte et le crâne plus bombé.

La peau est froide au toucher et a la couleur de la peau d'éléphant; certains spécimens ont de petites taches roses.

Quelquefois le fond de la robe est rose parsemé de taches bleues grisâtres.

Leur poids varie entre 4 et 8 kilogrammes, tandis que la hauteur au garrot est à peu près de 25 à 35 centimètres.

La variété tachetée est plus en vue sur les bancs des expositions que les chiens unicolores.

« PEKIN »
appartenant à Mlle A. DECKERS, Anvers.

« LORIS »

appartenant à M. J. ROLOT, Paris. (Gravure extraite du Journal *L'Acclimatation*.)

« INCKA », Chien Chinois, appartenant à M. J. Bungartz, Hambourg.

« WAKI », Chien de l'Afrique du Sud
« LOPEZ », Chien de l'Amérique Centrale
appartenant à M. J. Bungartz, Hambourg.

« BIECHE », Chien Mexicain
appartenant à M. E. L. Seller, Berlin.
(Gravure extraite du Journal The Stock-Keeper.)

Chien Truffe.

Apparence générale . . Un chien ayant beaucoup de ressemblance avec le Caniche, quoique sa tête et son expression soient plutôt celles d'un Terrier.

Tête . . . . Pas trop longue, crâne large.

Museau . . . . Assez court et non pointu.

Yeux . . . . De couleur brun foncé, vifs et très intelligents.

Nez . . . . Toujours noir.

Oreilles . . . . Assez larges et portées mi-relevées.

Cou . . . . Bien développé.

Épaules . . . . Obliques.

Poitrine . . . . Assez large.

Dos . . . . Légèrement ensellé, large et fort.

Ventre . . . . Peu relevé.

Pattes . . . . Droites et pas trop longues, jarrets assez courts.

Pieds . . . . Ronds, doigts bien serrés et arqués.

Queue . . . . De moyenne longueur, portée recourbée sur le dos et bien garnie de poil long.

Poil . . . . Assez long, laineux, ondulé, légèrement bouclé et très fourni; sur la tête, le poil est plus court; par contre, il est plus long sur les oreilles et sur la queue.

Couleur . . . . . . Blanc et noir et grisâtre; la couleur la plus recherchée est le noir à collerette, museau, pattes et bout de la queue blancs.

Hauteur au garrot . . . De 3o à 4o centimètres.

Poids . . . . Environ 12 kilogrammes.

Origine . . . . Piémontaise.

Chien de Constantinople.

CHIEN ERRANT OU CHIEN DE RUE.

C'est lui faire beaucoup d'honneur que de mentionner un chien de rue; mais les chiens de rue de Constantinople forment presque une espèce à part, car dans aucune ville on ne retrouve une race de chiens rendant de si grands et si inappréciables services.

Ils se chargent du nettoyage de la voirie, c'est-à-dire qu'ils mangent tous les détritus organiques qui, sans eux, empoisonneraient l'atmosphère, empesteraient l'air et deviendraient la cause de terribles épidémies.

Son métier est celui de fermier des boues.

Quant aux points de la race, celle-ci forme un mélange hétéroclite, dans lequel le type du Berger à poil ras prédomine; ces chiens ont une grosse queue très fournie et recourbée vers le haut.

Généralement la couleur de la robe est d'un jaune sale.

L'oreille est portée la plupart du temps à moitié tombante.

Leur taille est en moyenne de 55 centimètres; quant à leur poids, il est difficile de l'apprécier, les uns étant d'une maigreur effrayante, tandis que les autres, plus voraces, sont d'une grosseur repoussante.

Leur humeur est des plus hargneuse.

« VAGABOND »

appartenant à la Ville de Constantinople. (Gravure extraite du Journal *L'Acclimatation*.)

Chien de trait.

Chien de trait.

Chien de guerre.

Chien de trot.

Chiens de douanier et de contrebandier. (Gravure extraite de *L'Illustration Française*.)

Chien de contrebandier, fragment d'un tableau de Mme A. BILLET.

SECONDE PARTIE.

TERRIERS.

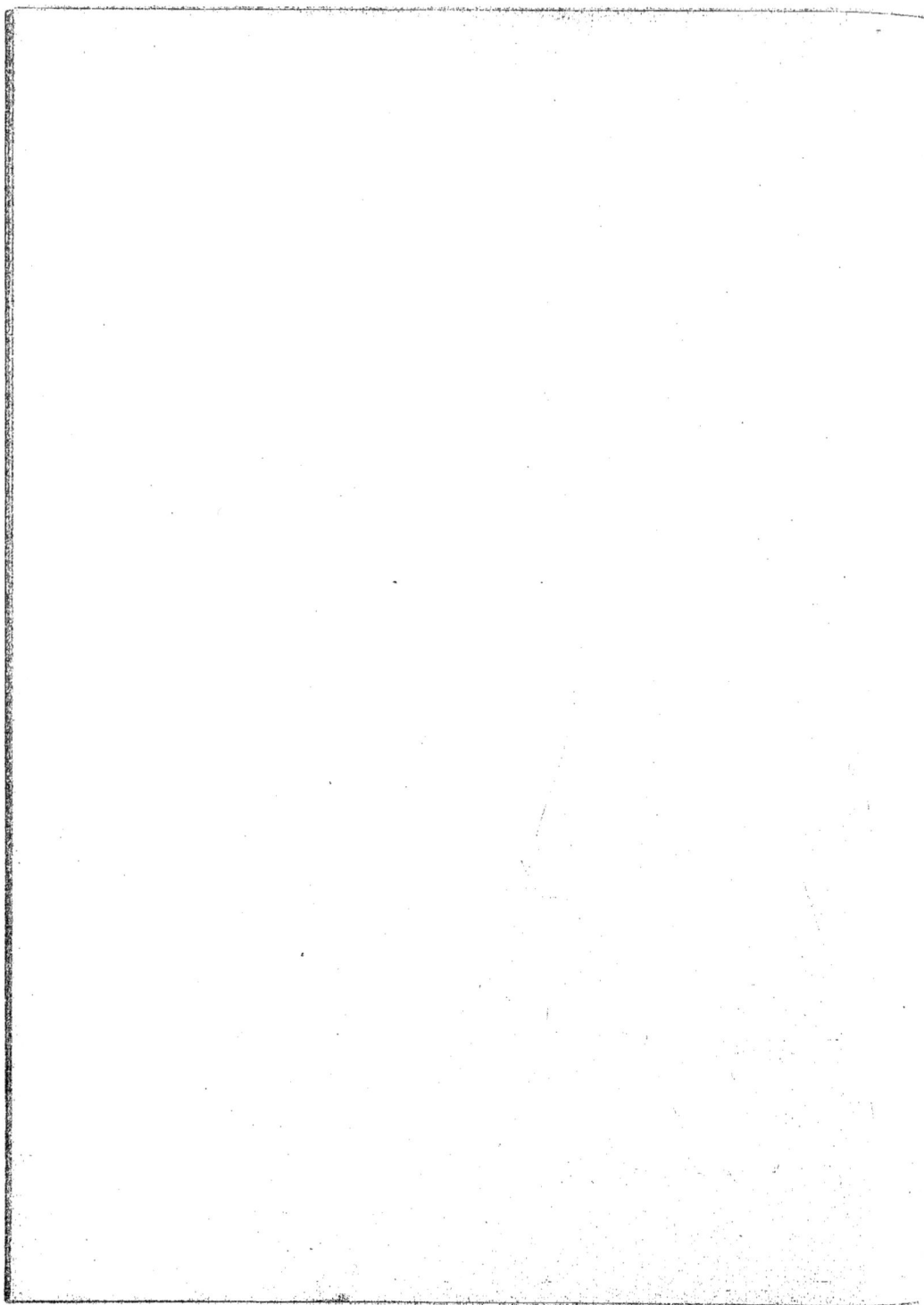

Terrier du Congo Belge.

MPOA.

Apparence générale. . .	Un chien de la taille du renard, symétriquement bâti, d'ossature assez légère, mais pas autant que celle du Whippet.
Aptitudes.	D'humeur maussade et triste et très peu intelligent. Les indigènes l'élèvent pour la consommation.
Tête	Assez longue et effilée, conique, la cassure du nez très peu prononcée.
Crâne	Plus massif que celui du renard, large et aplati de dessus en dessous; la boîte crânienne plus développée, le front fuyant, les arcades zygomatiques plus saillantes que chez nos chiens d'Europe. La peau du crâne et du front est ridée, quand le chien dresse les oreilles.
Stop	La cassure du nez est très peu prononcée.
Museau	Pointu.
Yeux . . . . '.	Petits et placés fort écartés l'un de l'autre, de couleur brun foncé.
Nez	Noir et petit.
Mâchoires	La mâchoire inférieure est plus courte que l'autre (*overshot*).
Dents	Les incisives sont ordinaires; les canines assez peu développées; les prémolaires sont assez accentuées et les arrière-molaires réduites à l'état de tubercules; les cuspides sont prononcées comme chez les chiens sauvages; les crocs ont une certaine ressemblance avec ceux des chiens de Constantinople.
Oreilles	Demi longues, assez grandes et dressées, de forme triangulaire avec pointes arrondies.
Voix	N'aboie jamais, mais hurle ou jappe.
Cou	De longueur moyenne.
Epaules	Obliques.
Poitrine	Assez profonde et descendue.
Dos	Droit.

43

« BOSC »

appartenant au Jardin Zoologique d'Acclimatation de Paris. (Gravure extraite du Journal *Le Chenil.*)

Ventre	Légèrement levretté.
Reins	Pas trop développés.
Arrière-train	Léger.
Pattes	Droites et d'ossature assez légère, bien placées sous le corps.
Cuisses	Droites.
Pieds	Petits et ronds.
Queue	En partie enroulée sur l'arrière-train en forme de tire-bouchon, quelquefois moins enroulée.
Ossature	Légère.

« DIBUE » et « MOWA »

appartenant à M. F. L'Hoëst, Anvers.

Poil	Ras; en dessous de la queue légèrement plus long sans former de frange ou de panache; il en est de même sur la colonne vertébrale.
Couleur	Jaune fauve ou roux tacheté de blanc.
Hauteur au garrot	Très variable, de 30 à 60 centimètres.
Poids	De 8 à 20 kilogrammes.
Origine	Congolaise.
Défauts	Oreilles pendantes, structure rappelant le Whippet, museau court et poil long.

Hollandsche Smoushond.

TERRIER GRIFFON HOLLANDAIS.

Apparence générale . . . Un chien de formes assez ramassées (pas un chien de dame), bâti pour suivre chevaux et voitures; c'est un grand ami du cheval et pour cette raison nommé quelquefois Griffon d'écurie.

Tête . . . . Pas longue, mais ronde de forme, avec la cassure du nez bien visible; bien couverte de poil.

Crâne . . . . Bombé et bien couvert de poil dur, mais toutefois un peu plus doux que sur le reste du corps.

Front . . . . Assez relevé; mais pas si proéminent que chez le Griffon Bruxellois.

Stop . . . . La cassure du nez est bien visible.

Museau . . . . Court, fort et bien formé.

Yeux . . . . De bonne grandeur, ronds et non enfoncés dans la tête, de couleur brun foncé, presque noir et avec une expression vive, affectueuse et très intelligente.

« MONKEY »
appartenant à Mᵐᵉ C. Ruys-Hanegraaff, Scheveningen.

Les paupières sont bordées de noir.
Les yeux ne doivent pas être cachés par le poil.

« TOMMY »

appartenant à M. T. Stinstra, La Haye.

Nez	Rond et noir, pas pointu, les narines bien ouvertes.
Joues	Assez rondes et bien garnies de poil.
Lèvres	Assez minces, non pendantes et noires.
Mâchoires	Courtes et fortes et de même longueur; *undershot* n'est pas désirable, *overshot* est un grand défaut.
Dents	S'adaptant bien; le menton ne doit pas être proéminent comme chez le Griffon Bruxellois.
Oreilles	Placées haut sur la tête, droites, sont coupées en pointes arrondies et couvertes d'un poil plus court et plus doux que sur le reste du corps.

Cou	Court et musclé.
Epaules	Pas trop profondes et assez obliques.
Poitrine	De moyenne largeur, pas trop descendue.
Dos	Droit et fort, légèrement arqué au dessus des reins.
Ventre	Peu retroussé.
Côtes	Bien arrondies.
Reins	Forts et musclés.
Corps	Pas long, plutôt ramassé et fortement bâti.
Arrière-train	Bien développé et très musclé.
Pattes	De longueur moyenne, pas trop écartées, droites et de bonne ossature, jarrets assez descendus.
Pieds	Ronds, doigts serrés et crochus, ongles noirs, soles dures et fortes.
Queue	Toujours écourtée aux deux tiers de la longueur, bien couverte de poil sans toutefois former une longue frange et portée gaiement relevée.
Ossature	Forte.
Poil	Dur, cassé et revêche, jamais bouclé ou laineux, de longueur moyenne ; sur le dos le poil ne doit pas faire de raie, ni tomber au dessus des yeux en mèches soyeuses.
Couleur	Roux, jaune brun et leurs différentes nuances ; les moustaches, la barbe et les sourcils peuvent être noirs.
Hauteur au garrot . . .	De 35 à 45 centimètres.
Poids	De 8 à 12 kilogrammes.
Origine	Hollandaise.
Défauts	Museau long, oreilles tombantes ou frangées, yeux clairs, *overshot,* poil long ou soyeux, taille trop petite, pattes courbées, queue longue ou frangée et autres couleurs que celles mentionnées.

« DARLING »
appartenant à M. F. Van Es,
La Haye.

« AAPJE »
appartenant à M. P. Waf, Rotterdam.

« TOMMY »

appartenant à M. T. Stinstra, La Haye. (Gravure extraite du Journal *Chasse et Pêche*.)

« CLOWN »

appartenant à Mᵐᵉ C. RUYS-HANEGRAAFF, Scheveningen.

ÉCHELLE DES POINTS.

Tête	20
Museau	15
Yeux	10
Oreilles	5
Corps	10
Pattes et pieds	10
Poil	15
Couleur	15
TOTAL. .	100

Deutsche Rauhhaarige Pinscher.

TERRIER ALLEMAND A POIL DUR (1).

Apparence générale . . Un chien d'assez légère ossature, quoique bien bâti, musclé et élastique, assez long sans paraître trop bas. Maintien vif et intelligent, la tête et le cou portés plutôt relevés; la queue portée également relevée. Ce chien est très gai, vigilant, bon gardien et point aboyeur, très intelligent et courageux sans être batailleur ou rapace, très fidèle à son

« KUNO »

appartenant à M. C. THILO, Heilbronn. (Gravure extraite du Journal *Nederlandsche Sport.*)

(1) *Note de l'auteur.* — Cette race est souvent nommée Schnauzer ou Rattler.

« HEXE PLAVIA » et « MORRO », appartenant à M. M. Hartenstein, Plauen.
(Gravures extraites du Journal *Zentralblatt*.)

maître; il est infatigable et grand ami des chevaux. C'est un destructeur émérite de rats et de souris, d'où son nom allemand *Rattler ;* très recherché comme chien d'écurie.

Les organes des sens fort développés, de l'adresse, une grande aptitude au dressage, une attention sans repos, la vitesse de l'éclair, une fidélité absolue, le courage et l'endurance, la force nerveuse, la résistance aux intempéries des saisons, sont ses qualités les plus éminentes, caractérisées par son apparence générale, son maintien, son œil, sa structure, en un mot par son ensemble.

« WOLFLE »
appartenant à M. W. J. Bakker, Amsterdam.
(Gravure extraite du Journal *Der Hunde-Sport.*)

Tête . . . . Pas trop lourde, bien proportionnée avec le corps; forte et assez longue.

« SOURIS »
appartenant à M. J. Kneppelhout, La Haye.

« NANE »
appartenant à M. C. Thilo, Heilbronn.

« PETER », « VETTER » et « SOURIS »
appartenant à Mlle van Rappard et à M. J. Kneppelhout, La Haye.

« VETTER »

appartenant à M. J. KNEPPELHOUT, La Haye.

Crâne	Vu de dessus, s'effilant très peu vers les yeux. Vu de côté, le front paraît avoir une inclinaison plus profonde vers l'arrière par suite de la longueur des poils des sourcils.
	Le crâne est plat entre les oreilles, plutôt étroit que large.
Museau	S'effilant très légèrement, ni pointu, ni large, fort; mâchoire inférieure bien développée; les muscles de la joue bien développés, mais pas visibles; vu de profil, le museau finit obliquement.
Dents	S'adaptant parfaitement; les dents canines très fortes.
Nez	Parfaitement droit, noir et pas trop grand.
Babines	Non pendantes, mais coupées obliquement et se perdant vers le coin sec de la bouche.
Oreilles	Placées assez haut sur la tête, pas trop loin l'une de l'autre, demi tombantes à l'état naturel, mais presque toujours coupées et portées droites en forme triangulaire avec pointes arrondies.
Yeux	Petits, de forme ovale, très intelligents et pleins d'expression; de couleur brun foncé.
	Les sourcils très développés, formés de poils durs et hérissés, donnent une expression mordante.

Cou	De longueur moyenne, musclé; la nuque arquée; pas de fanons.
Corps	Poitrine forte mais pas large; côtes longues, modérément courbées et plutôt plates que rondes. Ventre légèrement retroussé. Dos peu arqué, court et large.
Épaules	Obliques et bien musclées.
Pattes	Pattes de devant droites, vues de n'importe quel côté; pattes de derrière légèrement inclinées vers les jarrets.
Pieds	Petits, ronds, les doigts bien arqués.
Queue	Si elle n'est pas coupée elle vient jusqu'au jarret, portée relevée avec une courbure en lame de sabre; elle est presque toujours écourtée. Une queue non écourtée, bien portée, ne donne pas lieu à disqualification.

« RUSS »

appartenant à M. G. GOLLER, Stuttgart. (Gravure extraite du Journal *Zentralblatt*.)

Poil . . . . Aussi dur, revêche et fourni que possible; jamais long ou laineux; de même longueur sur tout le corps; pas plus doux ou soyeux sur le crâne; sur le museau le poil est plus court et forme moustache et barbiche; au dessus des yeux, des sourcils broussailleux. Les oreilles ont le poil plus court et plus doux; la queue est irrégulièrement couverte. Les pattes jusqu'aux doigts, surtout sur le côté postérieur, sont couvertes d'un poil court et dur; celui des pieds est court et dense.

Le poil ne doit pas être couché, mais éloigné du corps.

Couleur . . . . Poivre et sel, jaune rouille ou gris jaune, si possible unicolore; tête, pieds et ventre d'une nuance plus claire. On admet aussi les robes noirâtres, gris bleu ou gris argenté, si possible unicolores ou avec des taches brun jaune ou jaune sale au dessus des yeux, sur le museau et sur les pattes comme chez le Dachshund. Les teintes unicolores filasse ou gris sale, mais sans taches noires, ainsi que unicolore noir, se rencontrent également. Les robes blanches ou brunes, ou ces couleurs tachetées, sont incorrectes.

Ongles foncés.

Hauteur au garrot . . . De 3o à 5o centimètres.
Poids . . . . De 8 à 16 kilogrammes.
Origine. . . . . Allemande.
Défauts . . . . Structure lourde et massive, tête trop lourde et ronde, museau trop court, trop pointu, double nez, mâchoire inférieure ou supérieure proéminente, poitrine trop large, pattes trop écartées ou courbées, queue en trompette, oreilles tombant de côté, poil trop doux, trop long, ondulé, bouclé, laineux ou trop plat et unicolore blanc ou crême.

ÉCHELLE DES POINTS.

Apparence générale	20
Tête et denture	15
Oreilles	5
Cou	5
Corps	10
Pattes et pieds	10
Poil	25
Couleur	10
TOTAL. . .	100

« NANTE »

appartenant à M. C. Thilo, Heilbronn.

Terriers allemands idéaux à poil dur, d'après le peintre allemand J. Bungartz.

(Cliché gracieusement prêté par le *Kennel Club Hollandais Cynophilia*.)

Pinscher-Klub.

Président : H. SEIDEL . . . . Charlottenburg.
Secrétaire : J. BERTA, 23, Friedrich-Wilhelmplatz, Erfurt.
Cotisation : 6 Mark.

Klub fur Rauhhaarige Terriers.

Président : R. FLECHSIG. . . . . Braunsdorf.
Secrétaire : R. HOEPNER . . . 48, Mullerstrasse, Munich.
Cotisation : 15 Mark.

Württemberger Schnauzer-Klub.

Président : . . . . Stuttgart.
Secrétaire : CARL THILO . . . . Heilbronn a/N.
Entrée : 3 Mark;
Cotisation : 5 Mark.

eutsche Rauhhaarige Zwerg-Pinscher.

TERRIER ALLEMAND NAIN A POIL DUR.

Les points du Terrier Allemand nain à poil dur sont conformes aux points du Terrier Allemand à poil dur, excepté :

Hauteur au garrot . . .	Moins de 25 centimètres.
Poids	3 1/2 kilogrammes au maximum.
Clubs	Comme pour la variété précédente.

« KASPERLE »

appartenant á M. G. GOLLER, Stuttgart. (Gravure extraite du Journal *Zentralblatt.*)

Deutsche Kurzhaarige Pinscher.

TERRIER ALLEMAND A POIL RAS.

Apparence générale	Un chien au maintien gai et courageux; la tête et le cou sont portés relevés; les oreilles et la queue toujours portées droites. Il est assez ramassé de formes et assez haut sur pattes.
Tête	Assez longue.
Crâne	Plus rond et large que celui du Terrier Anglais.
Museau	Plus court que celui du Terrier Anglais.
Oreilles	Placées haut sur la tête, droites et coupées assez courtes.
Yeux	De grandeur moyenne, avec une expression intelligente et attentive, de couleur brun foncé.
Mâchoires	D'égale longueur; lèvres non pendantes et sans plis.

Terriers Allemands idéaux à poil ras, d'après le peintre allemand J. Bungartz.

(Cliché gracieusement prêté par le *Kennel Club Hollandais Cynophilia*.)

Cou	De longueur moyenne, flexible, bien arqué et sans fanons.
Poitrine	Forte, les reins plutôt plats que ronds.
Corps	Dos fort et légèrement arqué; ventre peu retroussé.
Pattes	De fine ossature, droites, vues de n'importe quel côté; les pattes de devant avec des épaules obliques et bien musclées; les jarrets des pattes de derrière de moyenne longueur et pas trop obliques.
Pieds	Petits et ronds, tournés ni en dedans ni en dehors; les doigts bien courbés; ongles noirs.
Queue	Écourtée et portée haut.
Poil	Court, dur et plat.
Couleur	Noir et feu comme chez le Dachshund; quelquefois brun foncé et jaune clair, mais cette couleur n'est pas recherchée; la robe unicolore jaune ou roux l'est moins encore.
Hauteur au garrot . . .	De 30 à 45 centimètres.
Poids	De 6 à 10 kilogrammes.
Origine	Allemande.
Défauts	Museau trop pointu; mâchoire supérieure ou inférieure proéminente; crâne trop bombé; yeux trop grands ou proéminents; oreilles non coupées; queue en trompette ou fournie de poil long; pattes trop grosses ou courbées; poitrine trop large; poil doux ou soyeux; taches noires sur les taches jaunes aux pattes; taches blanches.

Pinscher-Klub.

Président : H. Seidel . . . . Charlottenburg.
Secrétaire : J. Berta, 23, Friedrich-Wilhelmplatz, Erfurt.
Cotisation : 6 Mark.

eutsche Kurzhaarige Zwerg-Pinscher.

TERRIER ALLEMAND NAIN A POIL RAS.

Les points du Terrier Allemand nain à poil ras, quelquefois appelé Rehpinscher, sont conformes aux points du Terrier Allemand à poil ras, excepté :

Poil	Plus doux et soyeux.
Hauteur au garrot . . .	Moins de 25 centimètres.
Poids	3 1/2 kilogrammes au maximum.

« COMTESSE MARIE VON TRAUTHEIM »
« MINNIE VON TRAUTHEIM »
appartenant à M. O. SIPPEL, Bamberg.

« MINA »

appartenant à Mme A. HARDIVILLER, Paris. (Gravure extraite du Journal *Het Sportblad.*)

Pinscher-Klub.

Président : H. SEIDEL . . . . Charlottenburg.
Secrétaire : J. BERTA, 23, Friedrich-Wilhelmplatz, Erfurt.
Cotisation : 6 Mark.

« MISS »

appartenant à Mme A. RENOUARD, Paris. (Gravure extraite du Journal *Het Sportblad.*)

Affenpinscher.

TERRIER SINGE.

Apparence générale	Un petit chien de dame, vif et intelligent.
Tête	Épaisse et ronde; crâne bien bombé et couvert de poil long, dur et ébouriffé; l'expression est celle d'un petit singe.
Museau	Court et fort; les mâchoires d'inégale longueur, l'inférieure étant un peu plus longue; cependant les dents ne doivent pas être visibles; bien pourvu de moustache et d'une barbiche.
Yeux	Ronds, grands, proéminents et très intelligents, de couleur foncée; les paupières toujours bordées de noir; les sourcils bien garnis de poils qui ne doivent pas retomber.
Nez	Noir et bien environné de poil; *stop* bien visible.
Oreilles	Coupées droites en pointe; bien garnies de poil.
Poitrine	Assez large.
Corps	Ramassé et compact.
Pattes	Droites et de bonne ossature; bien couvertes de poil.
Pieds	Petits et ronds; beaucoup de poil entre les doigts.
Queue	Écourtée aux deux tiers de la longueur; le poil est plus court.

« FATZKE »
appartenant à M. M. Hartenstein, Plauen.
(Cliché gracieusement prêté
par le *Kennel Club Hollandais Cynophilia*.)

« MORITZ » et « MORA »

appartenant à M. C. Proebster, Nuremberg. (Gravure extraite du Journal *Chasse et Pêche*.)

Poil	Assez long, dur et revêche au toucher.
Couleur	Noir grisâtre, gris bleuâtre, jaune sale, roux et leurs différentes nuances ; les chiens de nuances claires ont souvent un masque noir.
Hauteur au garrot . . .	Moins de 25 centimètres.
Poids	Moins de 3 1/2 kilogrammes.
Origine	Allemande.

« LILI »
appartenant à Mlle J. MASQUELIER.
Borgerhoudt.

« LOLO » et « AFFI »
appartenant à M. M. HARTENSTEIN, Plauën. (Gravure extraite du Journal *Der Hunde-Sport.*)

Affenpinscher Klub.

Président : . . . . Francfort.
Secrétaire : H. SCHUMACHER . . . 29, Bleichstrasse, Francfort.
Cotisation : 10 Mark.

46

Boston Terrier[1].

Apparence générale . . Un chien à poil court et doux, de structure compacte et de stature assez basse. La tête doit indiquer un haut degré d'intelligence et être proportionnée à la taille du chien ; le corps assez court et bien conformé ; les membres forts et bien tournés. Rien de plus mauvais qu'un chien mal proportionné. Le chien doit produire une impression de détermination, de force et d'activité, avec du style et un port gracieux.

Tête . . . . Assez courte.

« TOM C. »

appartenant à M. R. J. CLARKE, Boston.

---

(1) *Note de l'auteur.* — En Allemagne, cette race est nommée Boxer.

« BOXL-AUGUSTA »

appartenant à M. F. Roberth, Munich. (Gravure extraite du Journal *Der Hunde-Sport.*)

Crâne	Grand, large et plat, sans joues saillantes; le front exempt de rides.
Stop	Bien défini; mais pas trop profond.
Museau	Assez court, large et profond (sans rides).
Yeux	Placés assez écartés l'un de l'autre, grands, ronds, ni trop enfoncés ni trop proéminents, doux et de couleur foncée. Les coins extérieurs des yeux, vus de face, doivent être sur la même ligne que les joues.
Nez	Noir et large, avec une ligne droite bien définie entre les narines (pas un nez double).
Babines	Larges et profondes, non pendantes, couvrant complètement les dents lorsque la bouche est fermée.
Mâchoires	Larges, carrées et unies.
Dents	Courtes et fortes.
Oreilles	Petites, minces et placées autant que possible aux coins du crâne; la forme *rose-ear* est la plus désirée; souvent coupées en pointes.
Cou	Assez court et gros, sans fanons et bien arqué.

« ROSSIE RICHARD »
appartenant à M. H. N. Richards, Boston.

« BLANKA VOM ANGERTHOR »
appartenant à M. J. Widmann, Munich. (Gravure extraite du Journal *Der Hunde-Sport*.)

« CHAMPION TOPSEY » et « COMMISSIONER II »
appartenant à MM. Philps et Davis, Boston.

Dos	Court, non arqué.
Reins	Forts.
Corps	Porté assez bas, profond et assez large de poitrine, bien pris dans ses côtes (*well ribbed up*).
Pattes de devant . . .	Placées assez écartées, droites et bien musclées, pas mises à côté de l'épaule, coudes bas, ni en dedans ni en dehors.
Pattes de derrière . . .	Assez droites, longues depuis le genou jusqu'au jarret (tourné ni en dedans ni en dehors), courtes et droites du jarret au pied. Cuisses bien musclées; jarrets pas trop proéminents.
Pieds	Petits, presque ronds, légèrement tournés en dehors, doigts compacts et arqués.
Queue	De longueur moyenne, attachée bas, avec un port assez bas, fine et allant en s'amincissant vers le bout sans frange ou poils dura.
Poil	Fin de texture, court, brillant et pas trop dur.
Couleur	Toutes les couleurs, excepté noir, gris souris et brun foie; le bringé et le bringé et blanc sont les couleurs préférées.
Hauteur au garrot. . .	De 35 à 50 centimètres.
Poids	Les petits, de 7 à 15 kilogrammes; les grands, de 15 à 25 kilogrammes.
Origine	Inconnue.
Défauts	Queue coupée.

ÉCHELLE DES POINTS.

Apparence générale	10
Crâne	12.5
Stop	2.5
Museau	12.5
Yeux	5
Oreilles	5
Cou	5
Coudes	2.5
Corps	15
Pattes de devant	4
Pattes de derrière	4
Pieds	2
Queue	10
Poil	3
Couleur	7
TOTAL	100

Boston Terrier Club (AMÉRICAIN).

Boxer Club.

Président : F. DURK . . . . Munich.
Secrétaire : A. KOLB . . . . . 4ᴬ, Gewürzmühlstrasse, Munich.
Cotisation : 10 Mark.

Quelques gagnants de l'Exposition de Munich 1896. (Gravure extraite du Journal *Der Hunde-Sport*.)

Airedale Terrier.

TERRIER DE LA VALLÉE DE L'AIRE (1).

Apparence générale . . . Un chien fortement charpenté, aussi haut que long; c'est le plus grand de tous les Terriers.

Tête . . . . Longue; crâne plat, pas trop large entre les oreilles et s'amincissant près des yeux, exempt de rides.

Stop . . . . A peine visible.

Yeux . . . . Petits et de couleur foncée, non proéminents mais avec une bonne expression de Terrier.

Airedale Terriers idéaux, d'après le peintre anglais A. WARDLE.
(Gravure extraite du livre *Modern Dogs*.)

(1) *Note de l'auteur.* — Ce Terrier est nommé aussi quelquefois Bingley-Terrier.

« SHIPLEY-CRACK » et « NELSON LUCE »

appartenant à M. E. König, Munich. (Gravure extraite du Journal *Der Hunde-Sport.*)

Nez	Parfaitement noir, narines assez ouvertes.
Joues	Pas trop pleines.
Lèvres	Serrées et non pendantes.
Mâchoires	Profondes, fortes et bien remplies devant les yeux.
Dents	Fortes et s'adaptant parfaitement.
Oreilles	En forme de V, portées pendantes aux côtés de la tête, petites, mais en proportion cependant avec la grandeur du chien.
Cou	De longueur et d'épaisseur moyenne, s'élargissant graduellement vers les épaules et exempt de fanons.
Epaules	Longues et bien tombantes dans le dos, omoplates plates.
Poitrine	Profonde, sans être large.
Dos	Court, fort et droit.
Côtes	Bien arrondies.
Arrière-train	Fort et musclé, sans affaissement.
Pattes	Parfaitement droites, de bonne et forte ossature, jarrets placés bas.
Pieds	Petits et ronds, soles bien coussinées.

Queue . . . . Placée haut, mais non enroulée sur le dos ; toujours coupée à une longueur de 12 à 18 centimètres.

Poil . . . . Dur, rude et cassé, mais pas trop long ; il doit être droit et dense, couvrant bien le chien sur tout le corps et sur les pattes.

« MISS TUCKER »
appartenant à M. A. Addy, Manningham.

Couleur . . . . La tête et les oreilles, à l'exception des taches foncées sur les côtés du crâne, sont de couleur rouge feu ; les oreilles sont plus foncées ; les pattes, jusqu'aux coudes, de couleur feu ; le corps, noir ou gris foncé.

Hauteur au garrot . . . De 50 à 60 centimètres.

Poids . . . . Les chiens, de 18 à 25 kilogrammes ; les chiennes sont plus légères.

Le poids est un point essentiel ; des chiens trop légers sont très condamnables.

Origine. . . . . . . La vallée de l'Aire.

Défauts . . . . Taches blanches sur le corps ; mâchoires inégales, soit *over-* soit *under-shot*.

Copyright
Spratt's Patent Limited.

47

« CHOLMONDELEY BONDSMAN »
appartenant à M. H. M. Bryans, Malpas.

« BURLY-BROCKTON », « BRAVARY'GS » et « BRAGGART »
appartenant à Mlle N. N. Arnold, Hampstead. (Gravure extraite du *Ladies' Kennel Journal*.)

« RUSTIC LAD »

appartenant à M. J. C. Jackson, Londres. (Cliché gracieusement prêté par le *Kennel Club Hollandais Cynophilia.*)
(Gravure extraite du Journal *The Stock-Keeper.*)

ÉCHELLE DES POINTS.

Apparence générale et expression . .	15
Tête, oreilles et yeux	20
Cou, épaules et poitrine	10
Corps	10
Arrière-train et queue	5
Pattes et pieds	15
Poil	15
Couleur	10
TOTAL . .	100

Airedale Terrier Club.

Président : E. NEWTON DEAKIN . . . . Cheadle.
Secrétaire : H. M. BRYANS. . Cholmondeley, Malpas, Cheshire.
Cotisation : £ 1. 1 Sh.

Airedale and Old English Terrier Club.

Président :
Secrétaire : W. A. UNDERHILL, 17, Bowling, Old Lane, Bradford.
Cotisation : 10 Sh. pour chaque race.

Klub fur Rauhhaarige Terriers.

Président : R. FLECHSIG. . . . . Braunsdorf.
Secrétaire : R. HOEPNER . . 48, Mullerstrasse, Munich.
Cotisation : 15 Mark.

« BRUCE »
appartenant à M. C. H. MASON, New-York.
(Cliché gracieusement prêté par la Société cynégétique *Nimrod.*)

Welsh Terrier.

TERRIER DE GALLES.

Tête	De bonne longueur.
Crâne	Plat et plus large entre les oreilles que chez le Fox-Terrier à poil dur.
Stop	Presque invisible.
Yeux	Petits, pas trop enfoncés ni proéminents, de couleur brun noisette foncé, avec une expression intelligente et courageuse.
Nez	Toujours noir, de bonne longueur depuis la cassure jusqu'au bout du nez.
Mâchoires	Bien développées et formées, assez profondes et plus vigoureuses que celles du Fox-Terrier.
Dents	S'adaptant parfaitement.

Welsh Terriers idéaux, d'après le peintre anglais A. WARDLE.
(Gravure extraite du livre *Modern Dogs*.)

« RESIANT »

appartenant à Mlle J. PARKER, Eccleston. (Gravure extraite du *Ladies' Kennel Journal*.)

« DRONFIELD DANDY »

appartenant à Mlle J. PARKER, Eccleston. (Gravure extraite du *Ladies' Kennel Journal*.)

« CYMRO O GYMRU »

appartenant à M. T. E. Clark, Southport. (Gravure extraite du Journal *Chasse et Pêche*.)

« BRYNHIR PARDON »

appartenant à M. W. ROBERT, Chester. (Cliché gracieusement prêté par le *Kennel Club Hollandais Cynophilia*.)
(Gravure extraite du Journal *The Stock-Keeper*.)

Oreilles	En forme de V, petites, pas trop minces, placées assez haut, tombantes, portées en avant et couchées contre les joues.
Cou	De longueur et d'épaisseur moyenne, légèrement arqué et joignant gracieusement les épaules.
Epaules	Doivent être longues, obliques et bien placées en arrière.
Poitrine	Bien profonde et assez large.
Dos	Court, avec de bonnes côtes.
Ventre	Légèrement relevé.
Reins	Très forts.
Arrière-train	Fortement bâti; cuisses musclées et de bonne longueur; jarrets assez droits, bien descendus et de bonne ossature.
Pattes	Droites et bien musclées, de forte ossature.
Pieds	Petits et ronds, *cat-feet*.

Queue	Placée assez haut, mais ne doit pas être portée trop gaiement.
Poil	Cassé, dur, très dense et abondant.
Couleur	Noir et feu ou noir grisâtre et feu, sans taches ou raies noires sur les doigts de pieds.
Hauteur au garrot . . .	Pour les chiens, environ 3o centimètres; pour les chiennes, un peu moins.
Poids	Environ 9 kilogrammes, mais les chiens de travail pèsent moins, tandis que ceux d'exposition pèsent davantage.
Origine.	Principauté de Galles.
Défauts	Taches blanches et dents ne s'adaptant pas parfaitement.

« SIR JOSEPH »

appartenant à M. W. B. DAVENPORT, Chelford.

(Gravure extraite du Catalogue illustré du *Craft Show*.)

« CHAMPION DIM SAESONAEG »

appartenant à M. W. S. GLYNN, Criccieth. (Gravure extraite du Catalogue illustré du *Cruft Show*.)

ÉCHELLE DES POINTS.

Apparence générale	10
Tête, oreilles, yeux et mâchoires . .	20
Cou et épaules	10
Corps	10
Reins et arrière-train	10
Pattes et pieds	15
Poil	15
Couleur	10
TOTAL. . .	100

« HENDOR'S BRYNHIR-BINKS » et « BOGUS »
appartenant à Mᵘᵉ H. Advokaat, Brummen.

Welsh Terrier Club.

Président : Lord Mostyn . . . . . Staines.
Secrétaire : W. S. Glynn . . . . . Criccieth, Carnavonshire.
Cotisation : £ 1 . 1 Sh.

« CHAMPION RESIANT »
appartenant à M. W. H. Thomas, Londres. (Gravure extraite du Journal *Our Dogs*.)

« MATCHLESS »
appartenant à M. T. H. HARRIS, Breconshire.

Klub fur Rauhhaarige Terriers.

Président : R. FLECHSIG. . . . . Braünsdorf.
Secrétaire : R. HOEPNER . . 48, Mullerstrasse, Munich.
Cotisation : 15 Mark.

« THE GRIZZLE »
appartenant à MM. S. VAN CITTERS et W. G. DE KNOKKE VAN DER MEULEN, Voorburg.

Fox-Terrier.

A POIL RAS.

Apparence générale. . . . Le chien doit présenter dans son ensemble une apparence gaie, vive et active ; l'ossature et la force dans un petit ensemble sont essentiels ; cela ne doit pas être interprété en ce sens que le chien paraisse surchargé ou sous aucun rapport grossier ; la vitesse et l'endurance doivent être prises en considération, tandis que la force et la symétrie du Fox-Hound peuvent être prises comme modèle.

« HUNTON JUSTICE »

appartenant à M. S. Stephens, Londres. (Gravure extraite du Journal *Fox-Terrier Chronicle*.)

« DEPUTY »

appartenant à M. J. DALE, Londres.

(Cliché gracieusement prêté par le *Kennel Club Hollandais Cynophilia*.)

Fox-Terrier idéal à poil ras, d'après le peintre anglais R. MOORF.

« BRUSSEL'S GAMESTER »

appartenant à M. G. Titeca, Bruxelles. (Gravure extraite du Journal *Chasse et Pêche*.)

Le Terrier, comme le chien courant, ne doit aucunement être haut sur pattes, ni trop près de terre. Il doit être campé comme un cheval de chasse bien bâti, couvrant beaucoup de terrain, avec un dos court. Il atteindra alors le plus haut degré de force propulsive en même temps que la plus grande longueur d'enjambée compatible avec la longueur de son corps.

Tête . . . . Longue, sans ressembler à celle du Lévrier.

Crâne . . . . Plat et modérément étroit; plus large entre les oreilles et diminuant graduellement de largeur vers les yeux. Trop de *stop* (cassure) ne doit pas être apparent; mais il doit y avoir plus d'enfoncement dans le profil entre le front et la pommette de la joue que chez le Lévrier.

Joues . . . . Pas trop pleines.

« CHARLON VERDICT »

appartenant à M. S. STEPHENS, Londres. (Gravure extraite du Journal *Fox-Terrier Chronicle*.)

Oreilles . . . . Doivent être petites et en forme de V, d'épaisseur modérée et retombant en avant contre les joues, pas pendues
près du côté de la tête comme chez le Fox-Hound.

Mâchoires . . . . . . Les mâchoires doivent être fortes et musclées. De bonne
longueur, bien remplies sous les yeux et pas trop pointues
vers le nez (*punishing jaw*), de force convenable pour pouvoir mordre, mais pas de façon à ressembler à celles du
Lévrier ou du Terrier Anglais. Elles ne doivent pas être
trop creuses sous les yeux. Cette partie de la tête doit cependant être évidée de façon à ne pas descendre en ligne droite
comme un coin.

Nez . . . . Le museau doit aller graduellement en s'amincissant
vers le nez; celui-ci doit être noir.

Yeux . . . . Foncés de couleur, petits, placés assez profondément,
pleins de feu, de vie et d'intelligence ; aussi ronds que possible de forme.

Les paupières bordées de noir.

« DUDLEY RARITY »

appartenant à M. J. B. Grenier, Bruxelles. (Gravure extraite du Journal *Chasse et Pêche*.)

Dents	Egales et fortes, placées aussi régulièrement que possible, c'est-à-dire celles de dessus sur le côté extérieur de celles de dessous.
Cou	Net et musclé, sans apparence de fanons, de longueur moyenne et s'élargissant graduellement vers les épaules.
Epaules	Doivent être longues et en biais, bien couchées en arrière, fines aux pointes et nettement coupées au garrot.
Poitrine	Profonde, mais pas trop large.
Dos	Doit être court, droit et fort, sans apparence de faiblesse derrière les épaules.

« PIPER »
« SHOT STROKE »
« COMET »
« LADY GOLIGHTLY »
« RUSTIC ROYSTON »
appartenant à Sir Humphrey F. de Trafford, Manchester. (Gravure extraite du Journal *Our Dogs.*)

Reins	Puissants et très légèrement arqués. Les côtes de devant doivent être modérément arquées, celles de derrière profondes ; le chien doit être bien pris dans ses côtes (*well ribbed up*).
Ventre	Très légèrement retroussé.
Arrière-train	Doit être fort et musclé, sans paraître baisser ou s'affaiser, les cuisses longues et puissantes, les jarrets près de terre, le chien bien debout sur les jarrets comme un Fox-Hound et pas droit dans les genoux.
Pattes	Doivent être droites, vues dans n'importe quelle direction, montrant peu ou aucune apparence de cheville en avant. Elles doivent être de forte ossature par-

« ALINE » et « JERRY »
appartenant à M. J. Le Fèvre de Montigny.
Amsterdam.

« JEAN PETER », « SILESIAN JOE JUN », « SILESIAN JOE », « SILESIAN HAVOCK »,
et « SILESIAN VERA »
appartenant à M. M. Hermann, Berlin. (Gravure extraite du Journal *Der Hunde-Sport.*)

« NEWCOME », « DUDLEY SWINDLER » et « VERDAD »

appartenant à M. L. P. C. Astley, Cheadle. (Gravure extraite du Journal *Chasse et Pêche*.)

« STIPENDIARY »

appartenant à M. S. STEPHENS, Londres. (Gravure extraite du Journal *Fox-Terrier Chronicle.*)

tout, courtes et droites dans le paturon; celles de devant et de derrière portées droites en avant pendant la marche, les genoux non portés en dehors. Les coudes doivent pendre perpendiculairement sous le corps et se mouvoir librement sur le côté. Pas d'ergots aux pattes de derrière.

Un vainqueur.

Pieds . . . . Doivent être ronds, compacts et petits; soles dures et coriaces. Les doigts modérément arqués, tournés ni en dedans ni en dehors.

Queue . . . . Doit être attachée assez haut et portée gaiement, mais pas au dessus du dos ou enroulée. Elle doit être de bonne

Poil . . . .

Couleur . . . .

Hauteur au garrot. . .

force; tout ce qui se rapproche d'une queue en débourre-pipe est spécialement à rejeter.

Droit, plat, lisse, dur, dense et abondant. Le ventre et le dedans des cuisses ne doivent pas être nus.

Le blanc doit prédominer ; les marques ou taches bringées, rouges ou brunes sont à rejeter. Du reste, ceci est un point de peu d'importance.

De 35 à 40 centimètres.

« DEFENDER » et « DRYAD »
appartenant à M. F. REDMOND, Londres.
(D'après un tableau de Mlle MAUD EARL.)

« DAME FORTUNE »
appartenant à M. F. REDMOND, Londres. (Gravure extraite du Journal *Nederlandsche Hondensport.*)

« MERRY ACAJOU »
appartenant à M. M. W. Aertnys, Nimégue.

« VENGO »
appartenant à M. M. Fulda, Plauen. (Gravure extraite du Journal *Fox-Terrier Chronicle*.)

Poids . . . . Le poids n'est pas un criterium certain de la capacité d'un Fox-Terrier à faire son travail; l'ensemble, la taille et le contour sont les points principaux et si le chien peut galoper, soutenir et suivre son renard dans un drain ou une galerie, peu importe un kilogramme de poids en plus ou en moins.

. . Cependant, on peut dire, en général, qu'il ne doit pas dépasser 9 kilogrammes en forme d'exposition.

Origine . . . . Anglaise.

Points entraînant la disqualification.

1. Nez blanc, rose ou tacheté.
2. Oreilles droites, ou laissant voir l'intérieur (*tulipe-* ou *rose-ear*).
3. Mâchoire supérieure ou inférieure proéminente (*over-* ou *under-shot*).

« STARDEN'S SPENDTHRIFT »

appartenant au Major J. How, Londres. (Gravure extraite du Catalogue illustré du *Cruft Show*.)

« WHITE DOLLAR »

appartenant à M. E. GOETHALS, Bruxelles. (Gravure extraite du Journal *Chasse et Pêche*.)

Table de Saillie

avec une base de 68 jours. — A côté du jour de la saillie, le jour de la mise bas est indiqué.

Janv.	Mars	Févr.	Avril	Mars	Mai	Avril	Juin	Mai	Juillet	Juin	Août	Juillet	Sept.	Août	Oct.	Sept.	Nov.	Oct.	Déc.	Nov.	Janv.	Déc.	Févr.
1	5	1	5	1	3	1	3	1	3	1	3	1	2	1	3	1	3	1	3	1	3	1	2
2	6	2	6	2	4	2	4	2	4	2	4	2	3	2	4	2	4	2	4	2	4	2	3
3	7	3	7	3	5	3	5	3	5	3	5	3	4	3	5	3	5	3	5	3	5	3	4
4	8	4	8	4	6	4	6	4	6	4	6	4	5	4	6	4	6	4	6	4	6	4	5
5	9	5	9	5	7	5	7	5	7	5	7	5	6	5	7	5	7	5	7	5	7	5	6
6	10	6	10	6	8	6	8	6	8	6	8	6	7	6	8	6	8	6	8	6	8	6	7
7	11	7	11	7	9	7	9	7	9	7	9	7	8	7	9	7	9	7	9	7	9	7	8
8	12	8	12	8	10	8	10	8	10	8	10	8	9	8	10	8	10	8	10	8	10	8	9
9	13	9	13	9	11	9	11	9	11	9	11	9	10	9	11	9	11	9	11	9	11	9	10
10	14	10	14	10	12	10	12	10	12	10	12	10	11	10	12	10	12	10	12	10	12	10	11
11	15	11	15	11	13	11	13	11	13	11	13	11	12	11	13	11	13	11	13	11	13	11	12
12	16	12	16	12	14	12	14	12	14	12	14	12	13	12	14	12	14	12	14	12	14	12	13
13	17	13	17	13	15	13	15	13	15	13	15	13	14	13	15	13	15	13	15	13	15	13	14
14	18	14	18	14	16	14	16	14	16	14	16	14	15	14	16	14	16	14	16	14	16	14	15
15	19	15	19	15	17	15	17	15	17	15	17	15	16	15	17	15	17	15	17	15	17	15	16
16	20	16	20	16	18	16	18	16	18	16	18	16	17	16	18	16	18	16	18	16	18	16	17
17	21	17	21	17	19	17	19	17	19	17	19	17	18	17	19	17	19	17	19	17	19	17	18
18	22	18	22	18	20	18	20	18	20	18	20	18	19	18	20	18	20	18	20	18	20	18	19
19	23	19	23	19	21	19	21	19	21	19	21	19	20	19	21	19	21	19	21	19	21	19	20
20	24	20	24	20	22	20	22	20	22	20	22	20	21	20	22	20	22	20	22	20	22	20	21
21	25	21	25	21	23	21	23	21	23	21	23	21	22	21	23	21	23	21	23	21	23	21	22
22	26	22	26	22	24	22	24	22	24	22	24	22	23	22	24	22	24	22	24	22	24	22	23
23	27	23	27	23	25	23	25	23	25	23	25	23	24	23	25	23	25	23	25	23	25	23	24
24	28	24	28	24	26	24	26	24	26	24	26	24	25	24	26	24	26	24	26	24	26	24	25
25	29	25	29	25	27	25	27	25	27	25	27	25	26	25	27	25	27	25	27	25	27	25	26
26	30	26	30	26	28	26	28	26	28	26	28	26	27	26	28	26	28	26	28	26	28	26	27
27	31	27	Mai 1	27	29	27	29	27	29	27	29	27	28	27	29	27	29	27	29	27	29	27	28
28	Avril 1	28	2	28	30	28	30	28	30	28	30	28	29	28	30	28	30	28	30	28	30	28	Mars 1
29	2	29		29	31	29	Juillet 1	29	31	29	31	29	30	29	31	29	Déc. 1	29	31	29	31	29	2
30	3	30		30	Juin 1	30	2	30	Août 1	30	Sept. 1	30	Oct. 1	30	Nov. 1	30	2	30	Janv. 1	30	Févr. 1	30	3
31	4			31	2			31	2			31	2	31	2			31	2			31	4

« CHAMPION THE BELGRAVIAN »
appartenant au Capitaine A. OPENSHAW, Ramsbottom.
(Cliché gracieusement prêté par la Société cynégétique *Nimrod*.)

« PRIDE OF DAVOS »
appartenant à M. E. HEIM, Davos. (Gravure extraite du Journal *Zentralblatt*.)

50

« DESPOILER »

appartenant à Mme H. LAWRENCE, Londres. (Gravure extraite du Journal *Fox-Terrier Chronicle*.)

« CHAMPION VENIO »

appartenant à M. Robert Vicary, Newton Abbot. (Gravure extraite du Journal *Fox-Terrier Chronicle*.)

« PRIDE »
appartenant à M. E. Heim,
Davos.

ÉCHELLE DES POINTS.

Apparence générale	15
Tête et oreilles.	15
Cou	5
Épaules et poitrine	15
Dos et reins.	10
Arrière-train	5
Pattes et pieds	20
Queue	5
Poil	10
Total. . .	100

Fox-Terrier Club (ANGLAIS).

Président : C. H. CLARKE . . . . Londres.
Secrétaire : J. C. TINNE . . . . Bashley Lodge, Lymington.
Entrée : £ 2. 2 Sh.;
Cotisation : £ 2. 2 Sh.

Fox-Terrier Club (ÉCOSSAIS).

Président : J. GILZEAN . . . . Edinburgh.
Secrétaire : NORMAN McWATT. Lylestone House, Alloa.
Cotisation : 6 Sh. 6 d.

Fox-Terrier Club (IRLANDAIS).

Président : JAS FIGGIS . . . . Dublin.
Secrétaire : J. FERGUSON KELLY . Tally Ho, Clontarf, Dublin.
Entrée : £ 1. 1 Sh.;
Cotisation : £ 1. 1 Sh.

Fox-Terrier Club (BELGE).

Président : JOSSE GOFFIN . . . . Bruxelles.
Secrétaire : HENRI TILMANS, 32, rue Fossé-aux-Loups, Bruxelles.
Cotisation : 12 et 5 Francs.

Fox-Terrier Club (HOLLANDAIS).

Président : H. HUYSSEN VAN KATTENDYKE . . . . La Haye.
Secrétaire : L. VAN VOORTHUYSEN . . . . La Haye.
Cotisation : 5 Florins.

Fox-Terrier Club (FRANÇAIS).

Président : CLEM. BETHUNE . . . . Wasquehal, Lille.
Secrétaire : J. BOUTROUE. . . . 40, rue des Mathurins, Paris.
Cotisation : 20 Francs.

Fox-Terrier Klub (ALLEMAND).

Président : Baron H. DE RÖMER . . . . Munich.
Secrétaire : OTTO GALLER . . . . 28, Göthestrasse, Munich.
Cotisation : 20 Mark.

« CHAMPION D'ORSAY »

appartenant à M. F. REDMOND, Londres. (Gravure extraite du Journal *Fox-Terrier Chronicle*.)

« CHAMPION ABDEL-LEOBENER-AUSTRIA »

appartenant au Baron F. VON BORN, Neumarktl. (Cliché gracieusement prêté par le propriétaire.)

Nederlandsche Kennel Club Cynophilia

Bestuur:

President : Jhr Mr D. Röell	. . .	's Gravenhage.
Secretaris : Dr A. J. J. Kloppert.	. .	Hilversum.
Penningmeester : A. Woltman Elpers.	. .	Amsterdam.
Bestuurslid : Th. A. van den Broek	. .	Wiesbaden.
Id. Jhr J. van Citters .	. .	s' Gravenhage.
Id. M. J. Hulscher	. .	Amsterdam.
Id. A. J. Lefébure Jr	. .	Amsterdam.
Id. Mr J. C. van der Lek de Clercq	.	Zierikzee.
Eere-lid : H. A. Graaf van Bylandt .	.	Brussel.

De *Nederlandsche Kennel Club Cynophilia* telt ongeveer 600 leden, heeft haar eigen Registratie-Register, geeft jaarlijks twee groote Internationale Hondententoonstellingen, waarvan er gewoonlijk één speciaal voor hare leden is bestemd, hare Catalogi zijn steeds vol fraaie honden-gravuren naar bekende schilders.

Een fraai geïllustreerd Raspunten-Boek is door haar uitgegeven en gratis aan hare Leden aangeboden.

De jaarlijksche contributie voor de gewone leden bedraagt 10 Gulden.

Men wordt verzocht zich voor het Lidmaatschap aan te melden bij den Secretaris Dr A. J. J. Kloppert, Hilversum (Holland).

Fox-Terrier.

A POIL DUR.

Apparence générale. . . . Le chien doit présenter dans son ensemble une apparence gaie, vive et active ; l'ossature et la force dans un petit ensemble sont essentiels ; cela ne doit pas être interprété en ce sens que le chien paraisse surchargé ou sous aucun rapport grossier ; la vitesse et l'endurance doivent être prises en considération, tandis que la force et la symétrie du Fox-Hound peuvent être prises comme modèle.

Le Terrier, comme le chien courant, ne doit aucunement être haut sur pattes, ni trop près de terre. Il doit être campé comme un cheval de chasse bien bâti, couvrant

« BARTON PRIMROSE »   « BARTON NAP »   « BARTON ENERGY »
« ROPER'S NUTCRACK »   « BARTON NIP »   « BARTON WITCH »
appartenant à Sir Humphrey F. de Trafford, Manchester. (Gravure extraite du Journal *Our Dogs*.)

« JINGLE »   « BARTON SPARK »   « SPOT » « MODEL »
« BARTON MARVEL »   « BARTON WONDER » « BARTON CLINKER »   « ECLIPSE »

appartenant à Sir HUMPHREY F. DE TRAFFORD, Manchester. (Gravure extraite du Journal *Our Dogs*.)

« RHENANIA-JACKO »

appartenant à M. J. SITTIG, Köningstein. (Cliché gracieusement prêté par le propriétaire.)

« BERKELEY-AUSTRIA »

appartenant au Baron F. VON BORN, Neumarktl. (Cliché gracieusement prêté par le propriétaire.)

« CHAMPION CAULDWELL NAILER »

appartenant à M. W. THURNALL, Kettering. (Gravure extraite du Journal *Fox-Terrier Chronicle*.)

beaucoup de terrain, avec un dos court. Il atteindra alors le plus haut degré de force propulsive en même temps que la plus grande longueur d'enjambée compatible avec la longueur de son corps.

Tête	Longue, sans ressembler à celle du Lévrier.
Crâne	Plat et modérément étroit; plus large entre les oreilles et diminuant graduellement de largeur vers les yeux. Le *stop* (cassure) ne doit pas être trop apparent; mais il doit y avoir plus d'enfoncement dans le profil entre le front et la pommette de la joue que chez le Lévrier.
Joues	Pas trop pleines.
Oreilles	Doivent être petites et en forme de V, d'épaisseur modérée et retombant en avant contre les joues, pas pendues près du côté de la tête comme chez le Fox-Hound.
Mâchoires	Les mâchoires doivent être fortes et musclées. De bonne longueur, bien remplies sous les yeux et pas trop pointues vers le nez (*punishing jaw*), de force convenable pour pou-

« JACK SAINT-LEGER » et « JIGGER »
appartenant à M. H. Jones, Ipswich. (Gravure extraite du journal *The Stock-Keeper*.)
(Cliché gracieusement prêté par le *Kennel Club Hollandais Cynophilia*.)

voir mordre, mais pas de façon à ressembler à celles du
Lévrier ou du Terrier Anglais. Elles ne doivent pas être
trop creuses sous les yeux. Cette partie de la tête doit cependant être évidée de façon à ne pas descendre en ligne droite
comme un coin.

Nez . . . .   Le museau doit aller graduellement en s'amincissant
vers le nez; celui-ci doit être noir.

Yeux . . . .   Foncés de couleur, petits, placés assez profondément,
pleins de feu, de vie et d'intelligence; aussi ronds que pos-
sible de forme.

Les paupières bordées de noir.

Dents . . . .   Égales et fortes, placées aussi régulièrement que possible, c'est-à-dire celles de dessus sur le côté extérieur de
celles de dessous.

« MASTER BROOM »

appartenant à M. W. S. Eaton, Derby. (Gravure extraite du journal *The Stock-Keeper*.)

(Cliché gracieusement prêté par le *Kennel Club Hollandais Cynophilia*.)

« CHAMPION PROMPTER »

appartenant à M⁰⁰ J. BUTCHER, Londres. (Gravure extraite du Journal *Chasse et Pêche*.)

« JACK SAINT-LEGER »

appartenant à M. A. E. Claer, Maldon. (Gravure extraite du Journal *Fox-Terrier Chronicle.*)

Cou	Net et musclé, sans apparence de fanons, de longueur moyenne et s'élargissant graduellement vers les épaules.
Epaules	Doivent être longues et en biais, bien couchées en arrière, fines aux pointes et nettement coupées au garrot.
Poitrine	Profonde, mais pas trop large.
Dos	Doit être court, droit et fort, sans apparence de faiblesse derrière les épaules.
Reins	Puissants et très légèrement arqués. Les côtes de devant doivent être modérément arquées, celles de derrière profondes; le chien doit être bien pris dans ses côtes (*well ribbed up*).
Ventre	Très légèrement retroussé.
Arrière-train	Doit être fort et musclé, sans paraître baisser ou s'affaisser, les cuisses longues et puissantes, les jarrets près de terre, le chien bien debout sur les jarrets comme un Fox-Hound et pas droit dans les genoux.

« RABY FROST » et « BRISTLEY BOY »
appartenant à M. C. W. WARTON, Londres. (Gravure extraite du Journal *The Stock-Keeper*.)

« BARTON ROSEBUD »
appartenant à Sir HUMPHREY F. DE TRAFFORD, Manchester. (Gravure extraite du Journal *Our Dogs*.)

Pattes . . . .   Doivent être droites, vues dans n'importe quelle direction, montrant peu ou aucune apparence de cheville en
avant. Elles doivent être de
forte ossature partout, courtes et droites dans le paturon ;
celles de devant et de derrière portées droites en avant
pendant la marche, les genoux non portés en dehors.
Les coudes doivent pendre
perpendiculairement sous le
corps et se mouvoir librement sur le côté. Pas d'ergots aux pattes de derrière.

« BRIMSTONE »
.appartenant
à M. R. J. Mayhew, Hayes.

Pieds . . . .   Doivent être ronds, compacts et petits ; soles dures et
coriacés. Les doigts modérément arqués, tournés ni en
dedans ni en dehors.

Queue . . . .   Doit être attachée assez haut et portée gaiement, mais
pas au dessus du dos ou enroulée. Elle doit être de bonne
force ; tout ce qui se rapproche d'une queue en débourre-
pipe est spécialement à rejeter.

« PAT VOM MALEPARTUS »
appartenant à M. A. Schmidt, Rödelheim. (Cliché gracieusement prêté par le propriétaire.)

« DAYLESFORD BROOM »

appartenant à M. W. H. Smith, Worcester. (Gravure extraite du Journal *Chasse et Pêche*.)

« CRIBBAGE »

appartenant à M. A. E. CLEAR, Maldon. (Gravure extraite du Journal *Fox-Terrier Chronicle*.)

Poil	Dur et cassé; plus la texture en est dure, mieux cela vaut; jamais laineux ou soyeux sur aucune partie du corps, d'aspect ou au toucher. Pas trop long, ce qui donnerait au chien un air loqueteux, mais marquant une différence sensible et distincte avec la robe de la variété à poil ras.
Couleur	Le blanc doit prédominer; les marques ou taches bringées, rouges ou brunes sont à rejeter. Du reste, ceci est un point de peu d'importance.
Hauteur au garrot. . .	De 35 à 40 centimètres.
Poids	Le poids n'est pas un criterium certain de la capacité d'un Fox-Terrier à faire son travail; l'ensemble, la taille et le contour sont les points principaux et si le chien peut galoper, soutenir et suivre son renard dans un drain ou une galerie, peu importe un kilogramme de poids en plus ou en moins.
	Cependant, on peut dire, en général, qu'il ne doit pas dépasser 9 kilogrammes en forme d'exposition.
Origine	Anglaise.

« BARTON NIP » « BARTON ENERGY » « BARTON BLISS » « BARTON NAP »
« CHAMPION ROPER'S NUTCRACK ». « BARTON WITCH » « BARTON PRIMROSE »
appartenant à Sir HUMPHREY F. DE TRAFFORD, Manchester. (Gravure extraite du Journal *Our Dogs*.)

« ATROPOS-AUSTRIA »

appartenant au Baron F. VON BORN, Neumarktl. (Cliché gracieusement prêté par le propriétaire.)

« RHENANIA-MEDEA »

appartenant à M. J. SITTIG, Köningstein. (Cliché gracieusement prêté par le propriétaire.)

« RÖPER'S NUTCRACK »

appartenant à Sir Humphrey F. de Trafford, Manchester. (Gravure extraite du Journal *Our Dogs*.)

Points entraînant la disqualification.

1. Nez blanc, rose ou tacheté.
2. Oreilles droites, ou laissant voir l'intérieur (*tulipe-* ou *rose-ear*).
3. Mâchoire supérieure ou inférieure proéminente (*over-* ou *under-shot*).

———

L'échelle des points et les clubs sont également les mêmes pour cette variété du Fox-Terrier que pour celle à poil ras.

———

Klub für Rauhhaarige Terriers.

Président : R. Flechsig. . . . . Braunsdorf.
Secrétaire : R. Hoepner . . . 48, Mullerstrasse, Munich.
Cotisation : 15 Mark.

Old English Terrier.

TERRIER ANGLAIS (Ancien type).

Les points fixés pour le Fox-Terrier à poil dur sont conformes à ceux prescrits pour le Terrier Anglais de l'ancien type, sauf l'exception suivante :

Couleur . . . . La tête, les oreilles et les pattes jusqu'aux coudes doivent être couleur feu, le reste du corps noir ou gris foncé; cette dernière couleur est la meilleure.

Terrier Anglais idéal, d'après le peintre anglais J. DE WILDE (1805).

Old English Terrier Club.

Président : RUFUS MITCHELL . . . . Bradford.
Secrétaire : A. E. CLEAR . . . . Maldon, Essex.
Entrée : £ 1. 1 Sh.;
Cotisation : £ 1. 1 Sh.

Skye Terrier.

Tête . . . . Longue.

Crâne . . . . Étroit entre les oreilles, s'élargissant assez bien à hauteur des sourcils, se reliant au museau par une cassure peu prononcée entre et sous les yeux.

Stop . . . . Peu visible.

Museau . . . . Conique.

Yeux . . . . Assez rapprochés l'un de l'autre, de grandeur moyenne et de couleur foncée.

« LETTIE » et « PORT »

appartenant à M. W. J. Nichols, Merton Abbey. (Gravure extraite du Journal *The Stock-Keeper*.)
(Cliché gracieusement prêté par le *Kennel Club Hollandais Cynophilia*.)

« SANDY MAC PHERSON »

appartenant à M. J. Botte, Bruxelles. (Gravure extraite du Journal *Chasse et Pêche*.)

« CARLO II »

appartenant à Mme E. M. WILLIAMS, Fleet. (Gravure extraite du livre *The Dog Owner's Annual*.)

Nez	Toujours noir.
Mâchoires	Longues et puissantes.
Dents	Fortes et s'adaptant parfaitement.
Oreilles	Pas grandes, plus petites que celles de la variété à oreilles tombantes, droites, mais la pointe paraît cependant tomber à cause du toupet de poil qui les recouvre.
Cou	Long, gracieusement arqué et bien couvert de poil.
Épaules	Larges.
Poitrine	Profonde, à côtes plates, faisant paraître le corps étroit.
Dos	Long, un peu arqué, s'inclinant graduellement vers les épaules.
Corps	Extrêmement long et bas.
Arrière-train	Très développé.
Pattes	Courtes, droites et musclées.
Pieds	Larges, ronds et pointés en avant; des ergots sont des défauts.

« WOLVERLEY FITZ »
appartenant à Mme W. J. HUGHES, Wolverley.
(Gravure extraite du *Ladies' Kennel Journal*.)

« DONALD »

appartenant à M. A. C. LOFFELT, La Haye.

Queue . . . . Au repos, portée tombante jusqu'au milieu, puis légèrement relevée; quand le chien est excité la queue forme une ligne prolongeant celle du dos, mais jamais plus haut ou enroulée sur le dos.

« WOLVERLEY JOCK »
appartenant à Mme W. J. HUGHES, Wolverley.
(Gravure extraite du *Ladies' Kennel Journal*.)

Poil . . . . (Double). Souspoil court, dense, doux et laineux.

Poil extérieur long de 10 à 14 centimètres environ, dur, droit, rude, plat, résistant à l'eau et sans tendance à friser ou à boucler. Le poil se sépare sur le dos en formant une raie. Sur la tête il est plus court, environ 7 1/2 centimètres, et plus doux que sur le corps, néanmoins droit et tombant devant les yeux. Les oreilles bien frangées afin de protéger l'intérieur. La queue bien frangée, mais sans exagération.

« LITTLE DOMBEY »
appartenant à M. T. YOUNG, Birmingham. (Gravure extraite du Catalogue illustré du *Cruft Show*.)

« DONALD »

appartenant à M. A. C. LOFFELT, La Haye.

(Cliché gracieusement prêté par la Société cynégétique hollandaise *Nimrod*.)

Couleur . . . . Bleu foncé, bleu pâle, gris ou brunâtre avec le bout des
poils noir. Les oreilles toujours teintées un peu plus foncé.

Hauteur au garrot. . . De 21 à 24 centimètres.

Poids . . . . Chiens de 6 à 8 kilogrammes; chiennes de 5 1/2 à 7 kilogrammes.

Origine. . . . . Incertaine.

Défauts . . . . *Over-* et *under-shot* et queue ou oreilles coupées.

*Mesures pour chiens de 7 1/2 kilogrammes et pour chiennes
de 6 1/2 kilogrammes.*

CHIENS.	Centim.	CHIENNES.	Centim.
Hauteur à l'épaule	23	Hauteur à l'épaule	21 1/2
Longueur du nez jusqu'à l'os occipital	20 1/2	Longueur du nez jusqu'à l'os occipital	17 3/4
Longueur de l'os occipital jusqu'au bout de la queue	56	Longueur de l'os occipital jusqu'au bout de la queue	53 1/2
Longueur de la queue sans le poil	23	Longueur de la queue sans le poil	20 1/2
Longueur totale du bout du nez jusqu'au bout de la queue . .	99	Longueur totale du bout du nez jusqu'au bout de la queue . .	91 1/2

« WOLVERLEY JOCK »

appartenant à Mme W. J. HUGHES, Wolverley. (Gravure extraite du *Ladies' Kennel Journal*.)

Skye Terriers appartenant à Mme W. J. HUGHES, Wolverley, d'après un tableau de Mlle MAUD EARL.
(Gravure extraite du *Ladies' Kennel Journal*.)

ÉCHELLE DES POINTS.

Tête	15
Oreilles	10
Corps	15
Pattes	10
Queue	10
Poil	20
Couleur	5
Hauteur au garrot	15
TOTAL. . .	100

Pour être classé dans les prix, le chien doit obtenir au moins 75 points ; pour une M. T. H., 70 points ; M. H., 65 points ; M., 60 points.

On ne donne pas de points extra pour le poil ayant plus de 14 centimètres de longueur.

« CHAMPION WOLVERLEY DUCHESS »

appartenant à Mme W. J. HUGHES, Wolverley. (Gravure extraite du *Ladies' Kennel Journal*.)

« ISLAY »

appartenant à M. C. H. Smith, Canada.. (Gravure extraite du Journal *Chasse et Pêche.*)

Skye Terrier Club.

Président : Vicomte DE MELVILLE . . . . . . Mid-Lothian.
Secrétaire : Rev. TH. NOLAN,   Tackeley Rectory, Oxford.
Cotisation : £ 1. 1 Sh.

« CHAMPION THURKILL »
appartenant au Rev. TH. NOLAN, Oxford.
(Gravure extraite du Journal *Chasse et Pêche.*)

Skye Club (ÉCOSSAIS).

Président d'honneur : Duc DE ROXBURGHE . . . Edinburgh.
Président : Vicomte DE MELVILLE . . . . . . Mid-Lothian.
Secrétaire : J. S. BEDDIE . 56, Fountain Bridge, Edinburgh.
Cotisation : 10 Sh. 6 d.

« CHAMPION OLD BURGUNDY »
appartenant à Mme E. M. WILLIAMS, Fleet. (Cliché gracieusement prêté par la Maison SPRATT's.)

« CHAMPION MONARCH » et « YOUNG HAGGAS »
appartenant à M. D. Cunningham, Londres. (Gravure extraite du Journal *Chasse et Pêche*.)

« BUFFALO BILL » et « PANEL »

appartenant à M. C. ALEXANDER, Londres. (Gravure extraite du Journal *The Stock-Keeper*.)

(Cliché gracieusement prêté par le *Kennel Club Hollandais Cynophilia*.)

Skye Terrier.

(OREILLES TOMBANTES.)

Les points du Skye Terrier à oreilles tombantes sont conformes à ceux du Skye Terrier à oreilles droites sauf que les

Oreilles . . . . Sont plus grandes que celles de la variété à oreilles droites; elles pendent à plat sur les côtés de la tête et légèrement en avant.

Échelle des points . . . Comme pour la variété à oreilles droites.

Clubs . . . . Comme pour la variété précédente.

« BEN MORE »
appartenant à M. J. KINGS, Paisley.

84

« BETSEY FRASER »

appartenant à M. J. Pratt, Paddington. (Gravure extraite du Journal *L'Acclimatation*.)

Roseneath Terrier.

Apparence générale . . . Un chien assez long en proportion de la hauteur.

Tête . . . . De moyenne grandeur, ayant environ 17 1/2 centimètres de longueur; 6 1/2 centimètres de la pointe du nez jusqu'aux yeux; 11 1/2 centimètres des yeux jusqu'à l'occiput; la circonférence de la tête mesurée devant les oreilles est de 30 1/2 centimètres.

Museau . . . . Assez court, mais non pointu (*snipey*); la circonférence du museau est de 18 centimètres.

Yeux . . . . De grandeur moyenne, de couleur brun noisette foncé, bien ombragés d'épais sourcils, mais pas suffisamment pour empêcher la vue.

Nez . . . . Toujours noir.

Mâchoires . . . . . . Fortes et bien couvertes de muscles.

Oreilles . . . . . . Petites, larges à la racine et se terminant en pointe, bien couvertes de poil doux, légèrement frangé; portées droites ou tombantes; longueur de l'oreille, 7 1/2 centimètres.

Cou . . . . Fort et musclé, ayant une longueur de 14 centimètres et une circonférence de 25 centimètres.

Poitrine . . . . . . Profonde, avec une circonférence derrière les pattes de devant de 40 1/2 centimètres.

Corps . . . . Long en proportion de la hauteur, ayant une longueur de 43 centimètres de l'épaule à la racine de la queue.

Pattes . . . . Courtes, fortes et droites; les pattes de devant ont une longueur de 12 1/2 centimètres mesurées à l'intérieur; le poil des pattes est plus court, plus doux et plus clair de couleur que sur le corps.

Pieds . . . . Petits, ronds, compacts et modérément couverts de poil.

Queue . . . . De 20 centimètres de longueur, portée presque droite en arrière, bien couverte de poil formant brosse.

Poil . . . . Dense, le poil supérieur bien dur au toucher, ayant une longueur de 10 centimètres; le sous-poil plus doux et plus clair de couleur.

Couleur . . . . . . Toutes les nuances de gris, mais la couleur générale est rouge sable entremêlée de poil noir; oreilles et queue noires donnant au chien une apparence caractéristique.

Hauteur au garrot . . . 23 centimètres.

Poids . . . . De 6 à 7 kilogrammes.

Origine . . . . Duché d'Argyllshire.

« CRON SOOTIE '93 » et « CRON DIRK '95 »

Terriers Écossais appartenant à M. W. W. Thomson, Mitcham. (Gravure extraite du Journal *The Stock-Keeper*.)

Scottish Terrier.

TERRIER ÉCOSSAIS.

Apparence générale . . .   Un chien à la physionomie rusée, vivace et active. La tête est portée haut. Quoique le peu de longueur de son poil contribue à donner, de prime abord, au Terrier Écossais l'aspect d'un chien haut sur pattes, il est à noter que quand on le regarde attentivement, on découvre en lui un animal bien râblé, près de terre, remarquable en outre par le grand développement des muscles de l'arrière-train, donnant ainsi plus de proéminence au train postérieur.

En effet, un Terrier Écossais, quoique Terrier, ne peut pas avoir assez de force et de musculature.

Tête . . . .   Assez longue.

« DUNKELD »
appartenant à M. J. M. D. McColl, Aberdeen.
(Cliché gracieusement prêté par M. J. de Virieu van Heyst, Apeldoorn.)

« TEASER »

appartenant à M. W. W. Spelman, Norwich. (Gravure extraite du Journal *Chasse et Pêche*.)

« WHINSTONE », « CINDERELLA » et « DUKE »
appartenant à M. J. F. Alexander, Kerriemuir.

Crâne	Relativement long, légèrement bombé et couvert de poil court d'environ 2 centimètres.
Stop	La cassure du nez est peu prononcée.
Museau	Très développé, s'effilant vers le nez.
Yeux	Fortement espacés, de couleur noisette brun foncé, petits, perçants, très brillants et quelque peu enfoncés dans l'orbite.
Nez	Parfaitement noir, de bonne grandeur, assez gros et un tant soit peu proéminent.
Mâchoires	Absolument droites, mesurant exactement la même longueur et s'adaptant parfaitement.

Le nez étant proéminent, produit le même effet que si la mâchoire supérieure dépassait la mâchoire inférieure.

« CHAMPION BRADSTONE LOMA »
appartenant
à M. W. W. Spelman, Norwich.

Dents	Très fortes et bien placées.
Oreilles	Très petites, droites ou mi-droites (les droites sont préférées), mais jamais retombantes ou pendantes; il faut aussi qu'elles se terminent en pointe fine; le poil qui

Terriers Écossais idéaux,
d'après le peintre anglais A. WARDLE.
(Gravure extraite du livre *Modern Dogs*.)

les recouvre ne doit pas être long, mais velouté ; les oreilles ne peuvent avoir été coupées, ni porter aucune frange à leur pointe.

Cou . . . . Court, gros et musculeux, bien attaché aux épaules.

Epaules . . . . . . Obliques et musclées.

Poitrine . . . . . . Large, proportionnellement à la taille du chien et relativement profonde.

Dos . . . . Droit et musclé.

Ventre . . . . Très légèrement retroussé.

Corps . . . . De longueur moyenne, mais pas aussi long et un peu plus étroit que celui du Skye Terrier ; assez plat dans les flancs, mais avec de bonnes côtes et un arrière-train puissant.

« ARGYLE »

appartenant à M. J. F. ALEXANDER, Kerriemuir. (Gravure extraite du Journal *The Stock Keeper*.)
(Cliché gracieusement prêté par le *Kennel Club Hollandais Cynophilia*.)

« WINKS »

appartenant à Mlle D. C. Cobbold, Londres. (Gravure extraite du *Ladies' Kennel Journal*.)

« STRATHBLANE »

appartenant à Mme W. W. Aspinall, Londres. (Gravure extraite du *Ladies' Kennel Journal*.)

« CHAMPION KILDEE »

appartenant à M. H. J. LUDLOW, Bromsgrove. (Gravure extraite du Journal *L'Éleveur*.)

« AMSTEL LASSIE II »

appartenant à Mlle J. KLOPPERT, Hilversum. (Cliché gracieusement prêté par la propriétaire.)

Pattes . . . . Les pattes de devant, comme celles de derrière, courtes et de forte ossature; les pattes de devant droites ou légèrement arquées et bien placées sous le corps; les coudes non écartés du corps (*out of elbows*).

Les jarrets seront coudés, les cuisses très musclées.

Pieds . . . . Forts, petits, couverts d'un poil épais et court, les pieds de devant plus grands et plus forts que ceux de derrière; les pieds doivent être placés d'aplomb par terre.

Queue . . . . Jamais écourtée, de 18 centimètres de longueur; portée droite en arrière et légèrement courbée.

Poil . . . . Assez court, environ 5 centimètres de longueur, très dur, rude et épais sur tout le corps.

Couleur . . . . Gris d'acier ou gris de fer, bringé noir, brun ou gris, noir, couleur martre, grisonnée ou jaune froment.

Toute tache blanche est un défaut; on tolère seulement un peu de blanc à la poitrine.

Hauteur au garrot . . . De 23 à 30 centimètres.

Poids . . . . De 7 à 9 kilogrammes; le meilleur poids est celui de 8 kilogrammes pour un chien et de 7 1/4 kilogrammes pour une chienne en forme de travail.

Origine . . . . Écossaise.

Défauts . . . . *Under-* ou *over-shot,* yeux trop grands ou trop pâles, oreilles trop grandes, à l'extrémité arrondie, oreilles pendantes ou trop velues, poil soyeux, ondulé, frisé ou ouvert, poids excédant 9 kilogrammes.

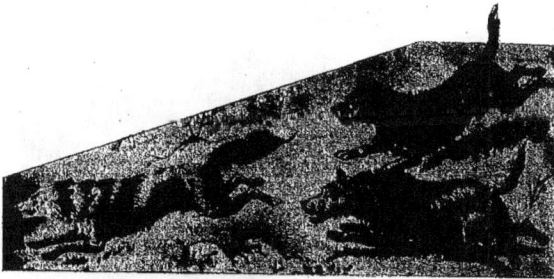

55

ÉCHELLE DES POINTS.

Apparence générale	10
Crâne	5
Museau	5
Yeux	5
Oreilles	10
Cou	5
Poitrine	5
Corps	15
Pattes et pieds	10
Queue	2.5
Poil	15
Couleur	2.5
Hauteur au garrot	10
TOTAL	100

« RASCAL »

appartenant à M. A. KINNEAR, Edimbourg. (Gravure extraite du Catalogue illustré du *Cruft Show*.)

Scottish Terrier Club (ÉCOSSAIS).

Président d'honneur : Duc DE PORTLAND . . . . Worksop.
Président : D. TOMSON GRAY. . . . . . . Montrose.
Secrétaire : J. N. REYNARD . . . Clyde View, Irvine N. B.
Entrée : 5 Sh.;
Cotisation : 5 Sh.

Copyright
Spratt's Patent Limited.
« CHAMPION ALISTER »
appartenant à M. W. McLEOD, Glasgow.
(Cliché gracieusement prêté par la Maison SPRATT'S PATENT L⁴.)

Scottish Terrier Club (ANGLAIS).

Président : J. BLAIN . . . . Londres.
Secrétaire : H. J. LUDLOW, Elmsdale, Bromsgrove, Worcestershire.
Entrée : 10 Sh. 6 d.;
Cotisation : £ 2 . 2 Sh.

Aberdeen Terrier.

TERRIER DE L'ABERDEENSHIRE.

Apparence générale	Un chien de forte structure, assez long de corps et bas sur pattes, combinant toutes les bonnes qualités du Skye Terrier et du Terrier Écossais.
Tête	Assez longue.
Crâne	Étroit et assez long.
Stop	La cassure du nez n'est pas visible.
Museau	De même longueur que le crâne et bien développé.
Yeux	De grandeur moyenne, de couleur brun foncé et très intelligents.
Nez	Toujours noir et assez pointu.
Mâchoires	Puissantes et longues.
Dents	Fortes et s'adaptant parfaitement.
Oreilles	Petites, tombantes ou droites, couvertes d'un poil plus court et plus doux que sur le reste du corps.
Cou	Fort et musclé.
Epaules	Obliques, larges et musclées.
Poitrine	Large et profonde.

« IRONY »
Aberdeen Terrier à oreilles tombantes.

Dos	Long, droit, musclé et légèrement arqué au dessus des reins.
Ventre	Légèrement relevé.
Corps	Long, fort et bas.
Pattes	Courtes, droites et musclées, de forte ossature, bien placées sous le corps.
Pieds	De grandeur moyenne, ronds et forts, les soles bien dures et développées.
Queue	De longueur moyenne, jamais écourtée, assez bien frangée et portée droite en formant une jolie courbe.
Poil	Pas aussi court que celui du Terrier Écossais, ni aussi long que celui du Skye Terrier, gros, dur, raide et épais.
Couleur	Noir ou gris d'acier.
Hauteur au garrot . . .	Environ 25 centimètres.
Poids	De 6 à 7 kilogrammes.
Origine	Croisement du Skye Terrier et du Terrier Écossais.

ÉCHELLE DES POINTS.

Tête	20
Oreilles	10
Yeux	10
Corps	25
Pattes et pieds	15
Poil et couleur.	20
TOTAL. . .	100

« MAGICIAN »

Aberdeen Terrier à oreilles droites.

bedlington Terrier.

TERRIER DU NORTHUMBERLAND.

Apparence générale . .   Un chien léger, bien conformé, assez étroit, mais non décousu ou anguleux.

Tête . . . .   Longue.

Crâne . . . .   Étroit, mais profond et arrondi; haut à l'occiput et couvert d'une belle huppe soyeuse ou toupet.

Museau . . . .   Long, effilé et musclé, aussi peu de cassure que possible entre les yeux, de sorte que depuis le bout du nez jusqu'à l'occiput, il y ait à peu près une ligne droite.

Yeux . . . .   Petits et bien rentrés dans la tête, placés obliquement et assez près l'un de l'autre, mais ronds de forme; les chiens de couleur gris de fer, ardoise et bleu doivent avoir des yeux foncés; les gris de fer et feu également avec une nuance d'ambre; ceux de couleur brune, martre et fauve auront les yeux brun pâle.

Nez . . . .   Grand, bien anguleux. Les chiens de couleur gris de fer, ardoise et bleu, avec ou sans feu, doivent avoir le nez noir; ceux de couleur brune, martre et fauve auront le nez brun ou couleur de chair; toutefois, chez ces derniers, le nez noir n'est pas un grand défaut.

Bedlington Terriers idéaux, d'après le peintre anglais A. Wardle.
(Gravure extraite du livre *Modern Dogs*.)

« NELSON »
appartenant à M. W. E. ALCOCK, Sunderland. (Gravure extraite du Journal *Chasse et Pêche*.)

« CHAMPION HUMBLEDON BLUE BOY »

appartenant à M. W. G. Alcock, Sunderland. (Gravure extraite du Journal *The Stock-Keeper*.)

(Cliché gracieusement prêté par le *Kennel Club Hollandais Cynophilia*.)

Lèvres	Se joignant parfaitement et non pendantes.
Mâchoires	Longues, effilées et musclées.
Dents	S'adaptant parfaitement, *pincer-jawed*.
Oreilles	Modérément grandes, attachées bien bas et en avant, applaties contre les joues, légèrement couvertes et bordées d'un poil fin et soyeux. Elles ont la forme d'une noisette.
Cou	Long, profond à la base, sortant bien des épaules.
Epaules	Plates, non rebondies et placées bas.
Poitrine	Peu large et profonde.
Dos	Légèrement arqué, bien pris dans les côtes.
Arrière-train	Léger.
Pattes	De longueur modérée, non écartées, droites et d'ossature plate.
Pieds	Assez grands et un peu longs.
Queue	Grosse à sa base, diminuant peu à peu vers la pointe, peu frangée sur le dessous, longue de 23 à 28 centimètres et en forme de sabre courbé (*scimitar*).
Poil	Un mélange de poil dur et laineux, non couché à plat sur le corps.

« FRANK EX SENTINEL »

appartenant à M. W. S. JACKSON, Toronto. (Gravure extraite du Journal *Chasse et Pêche*.)

Couleur	Gris de fer, ardoise, bleu, avec ou sans feu, brune, martre et fauve. Le toupet et les poils au sommet des oreilles aussi clairs que possible.
Hauteur au garrot . . .	40 1/2 centimètres au maximum.
Poids	Environ 11 kilogrammes pour les chiens et 10 kilogrammes pour les chiennes.
Origine	Du Northumberland.
Défauts	*Under-* ou *over-shot* et taches blanches.

« CLYDE BOY »

appartenant à M. H. WALLACE, Croydon. (Gravure extraite du Journal *The Stock-Keeper*.)

ÉCHELLE DES POINTS.

Apparence générale	10
Tête	20
Yeux et nez.	10
Cou et épaules.	5
Corps	15
Pattes et pieds	15
Poil	15
Couleur	10
TOTAL. . .	100

Bedlington Terrier Club.

Président : A. HASTIE . . . . New-Castle-on-Tyne.
Secrétaire : W. E. ALCOCK, Humbledon Hill House, Sunderland.
Entrée : 10 Sh.;
Cotisation : 10 Sh.

National Bedlington Terrier Club.

Président : E. WAKEFIELD . . . . Edimbourg.
Secrétaire : J. KENNEDY. . . . 49, Canongate, Edimbourg.
Cotisation : 5 Sh.

« CHAMPION KILDEE », Terrier Écossais, appartenant à M. H. J. LUDLOW, Bromsgrove.
« GREENHILL WONDER », Bull Terrier, appartenant à MM. C. et P. LEA, Birmingham.
« RUFUS », Dandie Dinmont Terrier, appartenant à M. A. STEEL, Kelso.
(Gravure extraite du livre *The Dog Owner's Annual.*)

Dandie Dinmont Terrier.

TERRIER POIVRE OU MOUTARDE.

Apparence générale . . .   Un chien vif et intelligent, sans vice et pas plus bataill-leur qu'aucune autre race de Terrier.

Tête . . . .   Forte et grande, non disproportionnée avec la taille du chien, les muscles bien développés, particulièrement ceux de la mâchoire.

Crâne . . . .   Large entre les oreilles, se rétrécissant graduellement vers les yeux et ayant à peu près la même dimension du coin intérieur de l'œil au bout du crâne, que d'une oreille à l'autre. Le front bien bombé.

    La tête est *couverte* d'un poil soyeux très fin, qui ne se limitera pas à un simple toupet. Plus ce poil est pâle de couleur et soyeux, plus il est estimé.

Museau . . . .   Profond et puissant, mesurant environ 7 1/2 centimètres; sa longueur est à celle du crâne dans la proportion de 3 à 5.

    Le museau est couvert d'un poil un peu plus foncé que celui du toupet et de la même texture que les franges des pattes de devant.

« HEATHER SANDY »
appartenant à M. G. A. B. Leatham, Tadcaster. (Gravure extraite du livre *The Dog Owner's Annual*.)

« TARTAN KING »

appartenant à M. J. CLARK, Londres. (Gravure extraite du Catalogue illustré du *Cruft Show.*)

La région sus-nasale est généralement nue sur la distance de 2 1/2 centimètres derrière le nez; cette dépilation locale se termine en pointe vers les yeux.

Yeux . . . . Fort espacés l'un de l'autre, grands, pleins, ronds, clairs, vifs, exprimant la détermination, l'intelligence et la dignité.

Nez . . . . Noir ou de couleur foncée; l'intérieur de la bouche est de la même couleur.

Joues . . . . Commençant près des oreilles, proportionnées au crâne, diminuant vers le museau.

Dents . . . . Très fortes, surtout les canines qui sont de grande dimension pour un aussi petit chien. Les canines s'adaptent parfaitement, de façon à pouvoir retenir et mordre avec le plus de force; les dents sont aussi égales sur le devant, les supérieures dépassant légèrement les inférieures. Beaucoup de bons sujets ont un *pig-jaw* (museau de fouine), ce qui est un défaut, mais pas aussi grand que celui de grigner (*under-shot*).

« CHAMPION LAIRD » et « LITTLE BEAUTY »

appartenant à MM. C. Lane, Downend et J. Sherwood, Leiston. (Gravure extraite du Journal *Chasse et Pêche*.)

Oreilles . . . . Grandes et pendantes, attachées fort à l'arrière de la tête et assez bas, bien écartées, légèrement projetées en dehors à leur base, larges à leur point d'attache, pointues à l'autre bout. Le bord antérieur de la conque conserve toujours sa direction rectiligne, le rétrécissement s'effectue surtout au détriment du bord postérieur du cartilage. Aussi le bord antérieur de l'oreille descend à peu près en ligne droite depuis le point d'attache de l'organe jusqu'à sa pointe.

« ELSPETH »

appartenant à Mme K. Spencer, Surrey. (Gravure extraite du *Ladies' Kennel Journal*.)

« CHAMPION BORDER KING »

appartenant à M. G. A. B. LEATHAM, Tadcaster. (Gravure extraite du Journal *The Stock-Keeper*.)

(Cliché gracieusement prêté par le *Kennel Club Hollandais Cynophilia*.)

Elles sont couvertes d'un poil doux et droit, de couleur brune, quelquefois presque noire pour les chiens de couleur poivre; pour la variété couleur moutarde les oreilles sont un peu plus foncées que le corps, mais pas noires. Elles portent de minces franges de poil duveteux d'une longueur de 5 centimètres, ce poil ayant à peu près la couleur claire et la texture de celui du toupet, ce qui donne à l'oreille l'apparence d'un *point distinct*. Ce n'est que vers l'âge de deux ans qu'apparaissent ces franges pâles. Le cartilage et la peau de la conque auriculaire ne doivent jamais être épais, mais assez minces. La longueur totale de l'oreille est de 7 1/2 à 10 centimètres.

Cou . . . . Très musclé, bien développé et fort, indiquant une grande somme de résistance, bien attaché aux épaules.

Poitrine . . . . Bien développée et bien descendue entre les pattes de devant.

Dos . . . . Long, un peu bas aux épaules, avec une légère courbe vers le bas et un arc correspondant au dessus des reins avec un léger ravalement du haut du rein vers la racine de la queue; les deux côtés de l'épine dorsale bien musclés.

Ventre . . . . Pas trop relevé.

« TWEEDMOUTH »

appartenant à M. T. F. SLATER, Carlisle. (Gravure extraite du Journal *Chasse et Pêche*.)

Corps . . . . Long, fort et souple, les côtes rondes et bien sorties. La distance de la pointe de l'épaule à la base de la queue ne doit pas dépasser deux fois la taille du chien; il est préférable même qu'elle ait 2 1/2 à 5 centimètres de moins.

Pattes . . . . Les pattes de devant courtes et droites, avec une forte ossature et une bonne musculature, très écartées, la poitrine bien descendue entre les pattes. Les pattes arquées (*bandy*) sont un grand défaut, mais on peut corriger les pattes courbes au moyen d'un bandage raide lorsqu'on s'en aperçoit au début. Le poil des pattes de devant d'un chien couleur poivre est de couleur feu; chez le chien couleur moutarde il est de nuance plus foncée que la tête qui est d'un blanc crème.

Chez les chiens de l'une et de l'autre couleur, les pattes de devant portent une jolie frange mesurant à peu près 5 centimètres, de nuance un peu plus pâle que celle du poil garnissant le reste de ces membres.

« TARTAN CHIEF »

appartenant à Mᵐᵉ R. PEEL HEWITT, Londres. (Gravure extraite du *Ladies' Kennel Journal*.)

« DARKIE DEANS »

appartenant à M. A. Weaver, Leominster. (Gravure extraite du Journal *Der Hunde-Sport.*)

Les pattes de derrière sont un peu plus longues que celles de devant et assez écartées, mais non ouvertes d'une façon anormale; les cuisses sont bien développées; le poil est de la même texture et de la même couleur que celui qui recouvre les pattes de devant; seulement elles ne sont pas frangées et n'ont pas d'ergots.

Pieds . . . . : Les pieds de devant bien conformés, *jamais plats,* avec de très forts ongles bruns ou foncés. Les pieds plats sont un grand défaut, mais on peut éviter cette infirmité par beaucoup d'exercice, un plancher et une litière sèche dans le chenil. Le poil des pieds de devant d'un chien couleur poivre est couleur feu; chez le chien couleur moutarde elle est de nuance plus foncée que la tête qui est d'un blanc crème.

Les pieds de derrière sont plus grands que ceux de devant.

Les doigts doivent être absolument foncés, mais leur couleur varie d'après celle du corps.

Queue . . . . Assez courte, d'environ 20 à 25 centimètres; le dessus est couvert de poil dur, de couleur plus foncée que sur le

« AINSTY KING », « CHAMPION LITTLE PEPPER II », « FLORA MACIVOR », « RACQUET», « DOCTOR DEANS », « AINSTY BELLE »,
« DARKIE DEANS », « DAVIE DEANS », « VICTORIA REGINA »,
« CHAMPION BORDER KING », « CHAMPION HEATHER PEGGY », « CHAMPION HEATHER SANDY »
appartenant à M. G. A. B. LEATHAM, Tadcaster. (Gravure extraite du Journal *Chasse et Pêche*.)

corps; le dessous de la queue plus pâle et moins dur, avec
une belle frange d'environ 5 centimètres de longueur,
devenant de plus en plus courte à mesure qu'elle se rapproche de la pointe; assez forte à sa base elle s'épaissit
jusqu'à 10 centimètres, puis s'effile graduellement en pointe.
Elle ne doit être attachée ni trop haut, ni trop bas; elle ne
peut être tire-bouchonnée, ni en trompette; quand le chien
est calme, elle décrit une courbe régulière (*scimitar-shaped*); lorsque le chien est excité, elle est maintenue horizontalement depuis la base jusqu'à la pointe.

Poil . . . . Est un point très important. Il doit avoir environ 5 centimètres de longueur; celui qui recouvre la partie supérieure
du corps, depuis la nuque jusqu'à la base de la queue, est
un mélange de poil doux et de poil assez dur, paraissant
cassant au toucher. Le poil dur ne doit pas être comme du
fil, mais *pily* (mélange de poil dur et de poil doux). Le poil
qui recouvre le dessous du corps est plus pâle et plus doux
que celui du dessus. La nuance du ventre varie avec le
pelage du chien.

Couleur . . . . . . Poivre ou moutarde.

La couleur poivre va du noir bleuâtre foncé au gris
d'argent pâle; la préférence est donnée aux nuances inter-
médiaires. La nuance principale du corps doit s'étendre

« CHAMPION CANNIE LAD »

appartenant à M. E. DENNIS, Liverpool. (Gravure extraite du Journal *The Stock-Keeper*.)

« TOMMY ATKINS »

appartenant à Mme R. PERL HEWITT, Londres. (Gravure extraite du *Ladies' Kennel Journal*.)

sur les épaules et les hanches et se fondre graduellement dans celle des pattes.

La couleur moutarde varie du brun rougeâtre au fauve pâle; les chiens de cette couleur ont la tête blanc crème, les pattes et les pieds d'une teinte plus foncée.

Les doigts sont foncés comme chez les chiens d'autres couleurs.

Presque tous les Dandie Dinmont Terriers ont un peu de blanc au poitrail et sur les pieds.

Hauteur au garrot . . . De 20 à 28 centimètres.

Poids . . . . De 6 1/2 à 11 kilogrammes; le meilleur poids est celui de 8 kilogrammes pour un chien en bonne forme de travail.

Origine . . . . Écossaise.

« CHAMPION JEANIE DEANS »
appartenant à Sir Humphrey F. de Trafford, Manchester. (Gravure extraite du Journal *Our Dogs*.)

« BLACKET HOUSE YET »

appartenant á Mme J. LLOYD RAYNER, Londres. (Gravure extraite du *Ladies' Kennel Journal*.)

ÉCHELLE DES POINTS.

Apparence générale	5
Tête	10
Yeux	10
Oreilles	10
Cou	5
Corps	20
Pattes et pieds	10
Queue	5
Poil	15
Couleur	5
Hauteur et poids	5
TOTAL	100

Dandie Dinmont Terrier Club (ANGLAIS).

Président : Dr BLOUNT FRY . . . . . . Essex, Brentwood.
Secrétaire : H. J. BIDWELL,   6, Craig Court,   Londres, S. W.
Cotisation : 10 Sh. 6 d.

Dandie Dinmont Terrier Club (ÉCOSSAIS).

Président d'honneur : G. A. B. LEATHAM. . . . . Tadcaster.
Président : WM. A. F. B. COUPLAND . . . . . . Dumfries.
Secrétaire : JOHN HOULISTON . . . Nellie Villa, Dumfries.
Entrée : 5 Sh.;
Cotisation : 5 Sh.

South of Scotland Dandie Dinmont Terrier Club.

Président :
Secrétaire : C. H. LEWIS . . . . . Clytha Park, Newport.
Cotisation : 10 Sh. 6 d.

Les points fixés par ces Clubs sont les mêmes; cependant, les deux dernières sociétés ajoutent ce qui suit à la description des dents :
Tous les chiens *over-* ou *under-shot* seront disqualifiés.

58

BULL-TERRIER.

Apparence générale	Un chien symétriquement conformé, dans lequel se combinent l'agilité, la grâce, l'élégance et la résolution.
Tête	Assez longue.
Crâne	Plat et large entre les oreilles, se rétrécissant vers le museau, offrant un petit enfoncement à la partie inférieure du crâne, mais sans cassure (*stop*) visible.
Joues	Les muscles des joues non en saillie.

« CHAMPION GREEN-HILL WONDER »

appartenant à M. C. P. Lea, Birmingham. (Gravure extraite du livre *The Dog Owner's Annual*.)

« BILL »

appartenant au Docteur A. WOLF, Brunswick. (Gravure extraite du Journal *Zentralblatt*.)

« CHAMPION COMO »

appartenant à M. T. BEVERLEY, Leeds. (Gravure extraite du Journal *The Stock-Keeper*.)
(Cliché gracieusement prêté par le *Kennel Club Hollandais Cynophilia*.)

Mâchoires	Longues et très puissantes.
Nez	Grand et noir, les narines bien ouvertes.
Lèvres	Exactement rapprochées, non pendantes et sans aucun pli.
Dents	Régulièrement formées, s'adaptant parfaitement ; toutes les anomalies, telles que *pig-jaw* ou *under-shot* sont de grands défauts.
Yeux	Petits et très foncés de couleur ; l'œil en forme d'amande est le plus recherché.
Oreilles	Toujours coupées en pointe ; l'opération doit être faite scientifiquement et selon la mode adoptée.

Le Kennel Club Anglais ayant prescrit depuis peu de temps que les oreilles ne peuvent plus être coupées, le

« SHERBORNE QUEEN »
« WOODCOTE TEASER »   « WOODCOTE TARTAR »
appartenant à M. W. I. Pegg, Epsom. (Gravure extraite du Journal *Der Hunde-Sport*.)

« HANNOVER DAISY »

appartenant à M. A. CARSON, Liverpool. (Gravure extraite du Journal *Our Dogs.*)

« MOYA »

appartenant à M. C. ESCHE, Brunswick. (Gravure extraite du Journal *Der Hunde-Sport.*)

« BERRY »

appartenant à M. LANGER, Cologne.

« TOM », « NELLY », « JANE » et « CAVALIER »

appartenant au Docteur A. WOLF, Brunswick. (Gravure extraite du Journal *Der Hunde-Sport.*)

« HOLLAND »

appartenant à M. J. S. Hurndall, Blackheath. (Gravure extraite du Catalogue illustré du *Cruft Show*.)

Bull-Terrier, né après le 31 mars 1895, doit avoir aux expositions *anglaises,* s'il ne veut pas être disqualifié, les oreilles non coupées. Elles doivent, dans ce cas, être portées droites et ressembler, autant que possible, aux oreilles coupées; un autre port d'oreilles ne sera pas toutefois une cause de disqualification.

Cou . . . . Long et légèrement arqué, élégamment sorti d'entre les épaules et s'amincissant vers la tête, sans fanons ou pli dans la peau, comme chez le Bull-Dog.

Epaules . . . . Fortes, musclées et obliques.

Poitrine . . . . Large et profonde, avec des côtes bien arrondies.

Dos . . . . Court et musclé, mais sans disproportion avec le reste du corps.

Pattes . . . . Les pattes de devant parfaitement droites, avec des muscles très développés; articulations fortes, pas *out of elbows* mais placées pour permettre une course rapide, les pattes de derrière proportionnées à celles de devant, musclées, jarrets forts et dans la bonne direction; aplombs réguliers et bas.

Pieds . . . .   Plus *cat* que *hare-feet*.

Queue . . . .   Courte en proportion du corps, placée bas, grosse à sa base, s'amincissant graduellement vers l'extrémité. Elle est portée sous un angle de 45 degrés, sans courbure, *jamais* au dessus du dos.

Poil . . . .   Court, fourni, résistant au toucher et bien luisant.

Couleur . . . .   Blanc zain.

Hauteur au garrot . .   De 3o à 45 centimètres.

Poids . . . .   De 7 à 22 1/2 kilogrammes.

Origine. . . . .   Croisement anglais.

« STREATHAM MONARCH »

appartenant à M. H. Thompson, Stockton. (Gravure extraite du Catalogue illustré du *Cruft Show*.)

« DUTCH »

appartenant à M. T. Hinks, Leicester. (Gravure extraite du Journal *Chasse et Pêche*.)

ÉCHELLE DES POINTS.

Tête	25
Yeux	10
Oreilles	5
Cou et épaules	15
Dos	10
Pattes et pieds	15
Queue	10
Poil	10
TOTAL . . .	100

59

Bull-Terrier Club (ANGLAIS).

Président : C. E. FIRMSTONE. . . . . Birmingham.
Secrétaire : W. G. GREEN . . 19, George Street, Gloucester.
Cotisation : £ 1. 1 Sh.

Bull-Terrier Club (ÉCOSSAIS).

Président : F. MCFADYEN . . . . Glasgow.
Secrétaire : P. BUCHANAN . . 150, Sandyfault Street, Glasgow.
Cotisation : 10 Sh.

Bull-Terrier Klub (ALLEMAND).

Président : E. C. SCHIEVER . . . . Hannovre.
Secrétaire : A. GRAUMANN . . 1, Charlottenstrasse, Berlin.
Cotisation : 10 Mark.

Bull-Terrier Club (NATIONAL).

Président : F. F. GIBSON . . . . Londres.
Secrétaire : W. PEARSON . 7, Drayton Green Road, Ealing.
Cotisation : 10 Sh.

Northern Bull-Terrier Club.

Président : P. H. PRITCHARD . . . . Manchester.
Secrétaire : J. W. BEDELL . 19, Claremont Grove, Manchester.
Cotisation : 10 Sh. 6 d.

Toy Bull-Terrier.

BULL-TERRIER NAIN.

Les points du Bull-Terrier sont applicables au Bull-Terrier nain, sauf les dimensions et le poids.

Hauteur au garrot . . . De 20 à 3o centimètres.
Poids . . . . De 4 à 5 kilogrammes.

Les clubs sont les mêmes que pour la variété précédente.

Bull-Terriers idéaux, d'après le peintre anglais R. MOORE.
(Gravure extraite du livre *Modern Dogs*.)

ÉCHELLE DES POINTS.

Tête 20
Yeux 10
Oreilles 5
Cou et épaules 15
Dos 10
Pattes et pieds 15
Queue 10
Poil 10
Poids 5

TOTAL . . . 100

Copyright

Spratt's Patent Limited

Pet Dog Cakes

Irish Terrier.

TERRIER D'IRLANDE.

Apparence générale . .	Un chien actif, gai et doux, à poil dur, très intelligent, ayant assez d'étoffe, mais sans excès; il ne peut être ni décousu, ni ramassé. Il doit être bâti pour la vitesse, vif, souple et rustique tout à la fois, car la vitesse, l'agilité et l'endurance sont pour lui des qualités essentielles.
Tempérament	Les chiens d'un tempérament nerveux et ceux dressés à la chasse de la vermine sont ordinairement hargneux et mordants. La race du Terrier d'Irlande fait exception à la règle; ses représentants sont d'une douceur remarquable envers l'homme; cependant, il faut reconnaître qu'ils sont toujours prêts à attaquer les chiens.

« PAT » et « MAG »

appartenant à S. M. la Reine d'Angleterre. (Gravure extraite du livre *The Dog Owner's Annual*.)

« CHAMPION PLAYBOY »

appartenant à M. J. N. R. Pim, Belfast.

(Cliché gracieusement prêté par le *Kennel Club Hollandais Cynophilia.*)

Il est fort courageux, mais souvent trop étourdi et assaille sans réflexion et quoiqu'il puisse lui en cuire; c'est ce qui lui a valu le fier surnom de *Dare Devil* (l'audacieux diable).

Dans la vie journalière, il a les apparences d'un animal doux, caressant, et quand on le voit timide et cajolant pousser la tête dans la main de son maître, il est presque difficile de croire que surexcité, il fait preuve d'un courage comparable à celui du lion et combat jusqu'au dernier souffle.

Il a un flair étonnant, un respect illimité pour son maître; il lui arrive quelquefois de retrouver la piste de ce dernier à d'incroyables distances.

Tête . . . . Longue, le crâne plat, assez étroit entre les oreilles, se rétrécissant encore entre les yeux; la peau du crâne non ridée, la cassure du nez, *stop*, si peu prononcée qu'elle n'est visible que de profil. La mâchoire doit être forte et musclée, mais pas trop pleine dans la joue, de bonne longueur et

« DAN'EL »

appartenant à M. G. KREHL, Londres. (Gravure extraite du Journal *The Stock-Keeper*.)
(Cliché gracieusement prêté par le *Kennel Club Hollandais Cynophilia*.)

bien remplie sous les yeux (*punishing length*), mais moins effilée que celle du Terrier Anglais blanc. Il y a une légère dépression sous l'œil, afin de ne pas avoir l'apparence d'un Lévrier. Le poil du museau sera de même nature que sur le reste du corps, mais court (environ un demi centimètre), ras et raide; une légère barbiche est le seul poil plus long toléré (ce poil est long seulement comparativement au reste); ceci est caractéristique.

« CHUTNEY » et « TIPPERARY SPICE »
appartenant à Mlle J. HULSCHER,
Amsterdam.

Yeux . . . . D'un brun noisette foncé, petits, non proéminents et pleins de feu, de vivacité et d'intelligence.

Nez . . . . Doit être noir.

« CHAMPION BACHELOR »
appartenant à M. C. J. BARNETT, Henley.
(Cliché gracieusement prêté par la Société cynégétique *Nimrod*.)

« BREDA MIXER »

appartenant à M. D. T. WRIGHT, Bradford. (Gravure extraite du Journal *The Stock-Keeper*.)

Lèvres	Ne sont pas aussi serrées que celles du Bull-Terrier, mais non pendantes, laissant entrevoir, sous la barbe, leur bord noir.
Dents	Fortes et s'adaptant bien.
Oreilles	Petites et en forme de V, pas trop épaisses, bien placées sur la tête, elles retombent en avant contre les joues. L'oreille ne doit pas être garnie de franges et le poil qui la recouvre est plus court et généralement plus foncé que celui du corps.
	Depuis le 1er janvier 1889 les oreilles ne sont plus coupées.
Cou	De bonne longueur, s'élargissant graduellement vers les épaules, bien porté et sans fanons. Généralement, on remarque de chaque côté du cou une sorte de jabot qui se prolonge jusque près de la base de l'oreille; ce point est considéré comme très caractéristique.
Épaules	Longues, sèches et bien inclinées vers le dos.
Poitrine	Profonde et musclée, mais pas remplie ni large.
Dos	De longueur moyenne, fort et droit, soutenu sans faiblesse en arrière du garrot.

« HYPATIA » et « HELGA »

appartenant à Mlle J. Hulscher, Amsterdam, (Gravure extraite du Journal *The Stock-Keeper*.)

(Cliché gracieusement prêté par la propriétaire.)

Reins	Larges, puissants et légèrement arqués, les côtes assez saillantes, plutôt profondes que rondes.
Arrière-train	Bien d'aplomb sous le corps, fort et musclé; cuisses puissantes, jarrets près de terre, canons peu obliques.

« HELGA » et « HYPATIA »
appartenant à Mlle J. HULSCHER, Amsterdam.
(Gravure extraite du *Ladies' Kennel Journal*.)

Pattes . . . . De longueur moyenne, bien dirigées dans leurs différents rayons à commencer par l'épaule, parfaitement d'aplomb, avec ossature forte et bonne musculature. Les coudes devront se mouvoir librement sans frôler les côtes; les paturons sont courts et droits, à peine apparents. Les pattes de devant ainsi que celles de derrière doivent se déplacer en ligne droite; ni le genou, ni le jarret ne sont torses. Les pattes ne sont pas garnies de franges; comme la tête, elles doivent être couvertes d'un poil ayant la texture aussi dure que celui qui protège le corps, mais, toutefois, de moindre longueur.

Pieds . . . . Forts, assez ronds et petits. Les doigts arqués, mais pas tournés en dehors ni en dedans. Les ongles de nuance noire sont les meilleurs et les plus recherchés.

Queue . . . . Généralement raccourcie, elle ne doit avoir ni frange, ni panache; attachée assez haut, portée gaiement, mais pas enroulée sur le dos.

Poil . . . . Dur, rude et serré, jamais doux ou soyeux; il ne peut être assez long pour masquer les contours du corps, particulièrement à l'arrière-train; droit, raide et couché, sans boucles ni frisures.

« CROW GILL TARTAR »
appartenant à M. F. M. JOWETT, Shipley.
(Gravure extraite du Journal *The Stock-Keeper*.)

Couleur . . . . Unicolore. La

couleur la plus recherchée est le rouge brillant, puis jaune froment, jaunâtre et gris. Le bringé est une faute. Une tache blanche se rencontre quelquefois sur la poitrine et les pattes ; une tache sur la patte est une plus grande faute, car l'on voit souvent chez les races unicolores une petite tache blanche à la poitrine.

Hauteur au garrot. . .   De 35 à 45 centimètres.

Poids . . . .   Les chiens, de 8 à 10 kilogrammes, et les chiennes, de 6 1/2 à 9 kilogrammes.

Origine. . . . . . .   Irlandaise.

« BAWNBOY »

appartenant à Mme J. Butcher, Halesworth. (Gravure extraite du *Ladies' Kennel Journal*.)

ÉCHELLE DES POINTS.

POINTS POSITIFS.			POINTS NÉGATIFS.		
Apparence générale. . . .	plus	10	Ongles blancs, doigts et pattes		
Tête, mâchoire, dents et yeux	—	15	blanches	moins	10
Oreilles	—	5	Beaucoup de blanc à la poi-		
Cou	—	5	trine.	—	10
Épaules et poitrine	—	10	Oreilles coupées.	—	5
Dos et reins	—	10	Mâchoire inférieure dépassant		
Arrière-train et queue . . .	—	10	l'autre ou mauvaises dents.	—	10
Membres et pieds	—	10	Poil irrégulier, bouclé ou doux	—	10
Poil	—	15	Couleur inégale	—	5
Couleur	—	10			
TOTAL. . .		100	TOTAL. . .		50

Points entraînant la disqualification.

Nez couleur chair, rouge ou rose et poil couleur bringée.

« CHAMPION BRICKBAT »

appartenant à M. E. A. WIENER, Sunderland. (Gravure extraite du Journal *Der Hunde-Sport.*)

Spratt's Patent Limited.

Chemical Food

« HUMOR »
appartenant à Mlle J. HULSCHER, Amsterdam.

Irish Terrier Club (IRLANDAIS).

Président : G. JAMESON . . . . Dublin.
Secrétaire : Dr RICH. CAREY . . . . Borris, Carlow.
Entrée : 10 Sh. ;
Cotisation : 10 Sh.

Irish Terrier Club (ANGLAIS).

Président : C. J. BARNETT . . . . Henley.
Secrétaire : J. W. TAYLOR . . . . Manchester.
Cotisation : £ 1. 1 Sh.

Irish Terrier Club (ÉCOSSAIS).

Président : . . . . Glasgow.
Secrétaire : JAMES RANKIN . . 66, Eglington Street, Glasgow.
Cotisation : £ 1. 1 Sh.

Irish Terrier Association.

Président : Sir H. F. DE TRAFFORD . . . . . Manchester.
Secrétaire : FRED. W. BREAKELL . Park House, Levenshulme.
Cotisation : 10 Sh. 6 d.

Klub für Rauhhaarige Terriers.

Président : L. COHN . . . . Ravensbourg.
Secrétaire : R. HOEPNER . 48, Müllerstrasse, Munich.
Cotisation : 15 Mark.

« HYPATIA »

appartenant à Mlle J. HULSCHER, Amsterdam.

(Gravure extraite du *Ladies' Kennel Journal*.)

La description donnée par l'Irish Terrier Club (Irlandais) n'est pas approuvée par tous les connaisseurs; elle diffère principalement par les points suivants : les yeux doivent être plutôt de forme ovale que ronde; les oreilles doivent compter 10 points positifs; la difformation de *over-* ou *under-shot* doit compter 20 points négatifs; la barbiche *tolérée* dans les points mentionnés ci-dessus est absolument de *rigueur;* le poil doit avoir une longueur de 6 1/2 centimètres et être plus court sur la tête; la couleur doit être rouge jaune, jaune froment ou brun clair avec une nuance grisâtre; la meilleure couleur est orange aux pointes rouges, la tête plus foncée que le corps et les oreilles plus foncées que la tête; une nuance acajou est à rejeter.

« RUFUS »

appartenant à M. G. L. TOMKINS, Londres. (Gravure extraite du Journal *Chasse et Pêche*.)

Black and Tan Terrier.

TERRIER DE MANCHESTER.

Apparence générale . .	Un chien capable de tuer un rat; l'ensemble doit démontrer plus de vitesse et d'activité que de force et d'endurance, sans rappeler le type du Whippet.
Tête	Longue, plate et étroite, ayant à peu près la forme d'un coin; les muscles de la joue ne doivent pas être saillants; bien remplie sous les yeux.

« PRINCE VICTOR »

appartenant à M. H. Esser, Cologne. (Gravure extraite du Journal *Der Hunde-Sport.*)
(Cliché gracieusement prêté par le *Kennel Club Hollandais Cynophilia.*)

61

« DINGLE WALLACE » et « MAYFIELD NETTLE »

« STRANGEWAY'S COLONEL »   « MANCHESTER EMPRESS »
« MANCHESTER ROY »   « ROCHE QUEEN »

appartenant à M. A. WOLTMAN ELPERS, Amsterdam.

« CHAMPION PRINCE GEORGE »

appartenant au Docteur J. WEBSTER ADAMS, Ipswich. (Gravure extraite du Journal *The Stock-Keeper.*)

(Cliché gracieusement prêté par le *Kennel Club Hollandais Cynophilia.*)

Yeux	Très petits, brillants et vifs, aussi foncés que possible, placés assez rapprochés l'un de l'autre, de forme oblongue et non proéminents.
Nez	Noir.
Mâchoires	Aux babines serrées, minces et s'amincissant vers le nez.
Dents	Égales et s'adaptant parfaitement.
Oreilles	Coupées, elles sont parfaitement droites et à pointes fines; non coupées, elles sont petites et en forme de V, pendant bien contre la tête au dessus des yeux.

Le Kennel Club Anglais ayant prescrit, depuis peu de temps, que les oreilles ne seraient plus coupées, le Black and Tan Terrier, né après le 31 mars 1895, doit avoir, aux expositions *anglaises,* s'il ne veut pas être disqualifié, les oreilles non coupées.

« SISSIE RETTA »
appartenant à Mme A. Lyne, Edmonton.
(Gravure extraite du *Ladies' Kennel Journal.*)

Cou . . . . Assez long, bien sorti des épaules et gracieux, s'amincissant graduellement vers la tête; légèrement arqué vers l'occiput, sans aucune apparence de fanons.

Epaules . . . . . . Obliques.

Poitrine . . . . . . Étroite, mais profonde.

Dos . . . . Légèrement arqué près des reins et s'inclinant vers la queue à la même hauteur que les épaules.

Corps . . . . Assez court, arqué vers les reins, les côtes bien arrondies.

Pattes de devant. . . . Parfaitement droites, bien placées sous le corps et de longueur proportionnée aux dimensions de ce dernier.

Pattes de derrière . . . Bien arquées et d'aplomb; pas de *cow-hocks.*

Pieds . . . . Petits, tenant le milieu entre *cat-* et *hare-feet.*

Queue . . . . Assez courte, attachée au point où finit la courbe du dos, grosse à sa naissance et s'amincissant graduellement en pointe; elle ne peut être portée plus haut que le dos.

Poil . . . . Serré, court et brillant.

Couleur . . . . . . Noir jais et feu d'une vive couleur rouge acajou; les marques sont distribuées comme suit : sur la tête, le museau feu jusqu'au nez; le nez

« DINGLE WALLACE »
appartenant à M. A. Woltman Elfers, Amsterdam.
(Gravure extraite du Journal *Nederlandsche Sport.*)

« CLARENDON DAISY » et « CLARENDON PANSY »

appartenant à M. G. Buchanan, Broxburn. (Gravure extraite du Journal *The British Fancier*.)

« BANJO »

appartenant à M. C. S. DEAN, Birkenhead. (Gravure extraite du Catalogue illustré du *Cruft Show*.)

« HOLYWELL NELL »

appartenant á Mlle E. A. DARBYSHIRE, Londres.
(Gravure extraite du *Ladies' Kennel Journal*.)

« ROCHE QUEEN »

appartenant à M. A. WOLTMAN ELPERS,
Amsterdam.

« CHAMPION STARKIE BEN »

appartenant à M. C. D. DEAN, Birkenhead. (Cliché gracieusement prêté par le propriétaire.)

et l'os nasal noir; sur chaque joue et au dessus des yeux une petite tache feu, ces dernières aussi petites que possible; la mâchoire inférieure et la gorge feu avec un V noir bien visible sous la mâchoire; le poil du cartilage interne de l'oreille est feu; les pattes de devant, du bas jusqu'aux genoux, feu, à l'exception des doigts qui sont rayés noir (*pencil-marks*); il existe une tache noire (*thumb-mark*) sur le pied. La partie intérieure des pattes de derrière est feu, mais divisée par du noir près du jarret. Sous la queue et autour de l'anus se trouve une tache feu, mais assez petite pour que la queue puisse la cacher en s'abaissant. Une tache feu sur chaque côté de la poitrine. Du feu à l'extérieur des pattes de derrière, appelé culotte, est un grand défaut. En tout cas, le feu doit heurter le noir et le noir le feu sans s'y mélanger; la démarcation entre les deux couleurs doit être nette.

Hauteur au garrot . . .   De 30 à 45 centimètres.

Poids . . . .   Les grands, de 7 1/2 à 10 kilogrammes et les petits de 4 à 7 1/2 kilogrammes.

Origine . . . .   Anglaise.

ÉCHELLE DES POINTS.

Apparence générale	15
Tête	20
Yeux	10
Oreilles	5
Corps	10
Pattes	10
Pieds	10
Queue	5
Couleur et marques	15
TOTAL. . .	100

« CHAMPION PRINCE ERIC »

appartenant à M. C. D. DEAN, Birkenhead. (Gravure extraite du Catalogue illustré du *Cruft Show*.)

« BROOMFIELD EMPRESS »

appartenant à M. A. Woltman Elpers, Amsterdam.

« BEACONSFIELD »

appartenant à M. W. Barlow, Bridgwater.

Black and Tan Terrier Club (ANGLAIS).

Président :
Secrétaire : L. GALLAHER . . . The Lymes, Leyton, Essex.
Cotisation : £ 1. 1 Sh.

Black and Tan Terrier Club (ÉCOSSAIS).

Président d'honneur : DUC DE PORTLAND . . . . . Worksop.
Président : S. CAMERON . . . . Glasgow.
Secrétaire : GEO CHUGG . . 357, New City Road, Glasgow.
Entrée : 5 Sh. ;
Cotisation : 10 Sh. 6 d.

Black and Tan Terriers idéaux, d'après le peintre anglais A. WARDLE.
(Gravure extraite du livre *Modern Dogs*.)

Black and Tan Terrier Club (IRLANDAIS).

Président :
Secrétaire : H. J. FULLJAMES . . . 8, Marple Road, Dublin.
Cotisation : 10 Sh. 6 d.

Black and Tan Terrier Klub (ALLEMAND).

Président : E. C. SCHIEVER . . . . Hannovre.
Secrétaire : C. ACKERMANN . . 1, Charlottenstrasse, Berlin.
Cotisation : 10 Mark.

Manchester Black and Tan Terrier Club.

Président : Lieut.-Col. C. D. DEAN . . . . . . Birkenhead.
Secrétaire : J. HAZZLEWOOD, Bank Bridge House, Manchester.
Cotisation : 5 Sh.

🝪oy Black and Tan Terrier.

TERRIER NOIR ET FEU NAIN.

Apparence générale . .	Un petit chien de dame, ne devant avoir aucune ressemblance avec le Levron.
Tête	Longue, plate et étroite, ayant à peu près la forme d'un coin ; les muscles de la joue ne doivent pas être saillants ; bien remplie sous les yeux.
Crâne	Plat, jamais *apple headed*.

« CHAMPION JUBILEE WONDER »
appartenant à Mme H. Hamp, Birmingham.
(Cliché gracieusement prêté par le *Kennel Club Hollandais Cynophilia*.)

« TOWER BRIDGE »

appartenant à M. T. Adams, Oxford. (Gravure extraite du Journal *The British Fancier*.)

« ALERT »

appartenant à Mme C. A. MONK, Londres. (Gravure extraite du Catalogue illustré du *Cruft Show.*)

Yeux	Très petits, brillants et vifs, aussi foncés que possible, placés assez rapprochés l'un de l'autre, de forme oblongue et non proéminents.
Nez	Noir.
Mâchoires	Aux babines serrées, minces et s'amincissant vers le nez.
Dents	Égales et s'adaptant parfaitement.
Oreilles	Coupées, elles sont parfaitement droites et à pointes fines; non coupées, elles sont petites et en forme de V, pendant bien contre la tête au dessus des yeux.

Le Kennel Club Anglais ayant prescrit, depuis peu de temps, que les oreilles ne seraient plus coupées, le Black and Tan Toy Terrier, né après le 31 mars 1895, doit avoir aux expositions *anglaises*, s'il ne veut pas être disqualifié, les oreilles non coupées.

Cou	Assez long, bien sorti des épaules et gracieux, s'amincissant graduellement vers la tête ; légèrement arqué vers l'occiput, sans aucune apparence de fanons.
Épaules	Obliques.
Poitrine	Étroite, mais profonde.
Dos	Légèrement arqué près des reins et s'inclinant vers la queue à la même hauteur que les épaules.

« GÉNÉRAL »
appartenant à Mlle E. A. DARBYSHIRE, Londres.
(Gravure extraite du *Ladie's Kennel Journal*.)

Corps . . . . Assez court, arqué vers les reins, les côtes bien arrondies.

Pattes de devant . . . Parfaitement droites, bien placées sous le corps et de longueur proportionnée aux dimensions de ce dernier.

Pattes de derrière . . . Bien arquées et d'aplomb, pas de *cow-hocks*.

Pieds . . . . Petits, tenant le milieu entre *cat-* et *hare-feet*.

Queue . . . . Assez courte, attachée au point où finit la courbe du dos, grosse à sa naissance et s'amincissant graduellement en pointe ; elle ne peut pas être portée plus haut que le dos.

Poil . . . . Serré, court et brillant.

Couleur . . . . Noir jais et feu d'une vive couleur rouge acajou ; les marques sont distribuées comme suit : sur la tête, le museau feu jusqu'au nez ; le nez et l'os nasal noir ; sur chaque joue et au dessus des yeux une petite tache feu, ces dernières aussi petites que possible ; la mâchoire inférieure et la gorge feu avec un V noir bien visible sous la mâchoire ; le poil du cartilage interne de l'oreille est feu ; les pattes de devant, du bas jusqu'aux genoux, feu, à l'exception des doigts qui sont rayés noir (*pencil-marks*) ; il existe une tache noire (*thumb-mark*) sur le pied. La partie intérieure des pattes de derrière est feu, mais divisée par du noir près du jarret. Sous la queue et autour de l'anus se trouve une tache feu, mais assez petite pour que la queue puisse la cacher en s'abaissant. Une tache feu sur chaque côté de la poitrine. Du feu à l'extérieur des pattes de derrière, appelé culotte, est un grand défaut. En tous cas, le feu doit heurter le noir et le noir le feu sans s'y mélanger ; la démarcation entre les deux couleurs doit être nette.

« SIR BEVYS »
appartenant à Mme H. HAMP,
Birmingham.

Hauteur au garrot . . . Moins de 25 centimètres.

Poids . . . . Moins de 2 1/4 kilogrammes.

Origine . . . . Anglaise.

« CHAMPION CHEEKY »

appartenant à Mme C. A. Monk, Londres. (D'après un tableau de A. Vernon-Stokes.)
(Cliché gracieusement prêté par la propriétaire.)

ÉCHELLE DES POINTS.

Apparence générale	15
Tête	20
Yeux	10
Oreilles	5
Corps	10
Pattes	10
Pieds	10
Queue	5
Couleur et marques	15
TOTAL.	100

Les clubs sont les mêmes que pour le Black and Tan Terrier.

Terriers Anglais blanc et noir et feu idéaux, d'après le peintre français P. Malher.
(Gravure extraite du Journal Le Chenil.)

White English Terrier.

TERRIER ANGLAIS BLANC.

Apparence générale . .	Un petit chien très attrayant et élégant.
Tête	Étroite et longue, sans que les muscles des joues soient visibles; cunéiforme, bien remplie sous les yeux, s'effilant vers le nez et sans lèvres pendantes.
Crâne	Plat, pas *apple-headed*.
Yeux	Petits et noirs, placés assez près l'un de l'autre et de forme ovale.
Nez	Parfaitement noir.
Lèvres	Coupées net, non pendantes.
Mâchoires	D'égale longueur pour que les incisives de la mâchoire supérieure s'adaptent exactement sur celles du maxillaire inférieur.
Dents	Blanches et fortes.

Terriers anglais blancs idéaux, d'après le peintre anglais A. WARDLE.
(Gravure extraite du livre *Modern Dogs*.)

63

« SILVER STAR » et « LADY OF THE LAKE »

appartenant à M. John E. Walsh, Halifax. (Gravure extraite du Journal *The Stock-Keeper*.)
(Cliché gracieusement prêté par le *Kennel Club Hollandais Cynophilia*.)

« NOBILITY »

appartenant à M. G. H. Newman, Londres. (Gravure extraite du Catalogue illustré du *Cruft Show*.)

Oreilles	Coupées en pointes fines et portées droites, les pointes légèrement rapprochées.
	Le Kennel Club Anglais ayant prescrit, depuis peu de temps, que les oreilles ne seraient plus coupées, le Terrier Anglais blanc, né après le 3i mars 1895, doit avoir, aux expositions *anglaises,* s'il ne veut pas être disqualifié, les oreilles non coupées. Dans ce cas, elles sont petites et en forme de V, pendant bien contre la tête au dessus des yeux.
Cou	Assez long et s'amincissant des épaules vers la tête; la peau du cou doit être tendue, sans fanons, la ligne supérieure légèrement courbée.
Epaules	Obliques.
Poitrine	Étroite et profonde.
Corps	Court et montant vers les reins, côtes bien arrondies jusqu'aux épaules, dos légèrement arqué près des reins et s'inclinant vers la queue; de même hauteur qu'aux épaules; ventre légèrement relevé, mais pas levretté.

« ECLIPSE »

appartenant à M. John E. Walsh, Halifax. (Gravure extraite du Journal *The Stock-Keeper*.)

(Cliché gracieusement prêté par le *Kennel Club Hollandais Cynophilia*.)

« MIDLAND SNOWDROP »

appartenant à Mme T. JONES, Londres. (Gravure extraite du *Ladies' Kennel Gazette*.)

Cuisses	Pas trop développées.
Pattes	Parfaitement droites et bien placées sous le corps ; d'ossature assez légère, de longueur bien proportionnée au corps.
Pieds	Les doigts bien arqués et placés les uns près des autres ; plutôt ronds que *hare-feet ;* ongles noirs.
Queue	De longueur moyenne, commençant où la courbe du dos finit ; grosse à la naissance, finissant graduellement en pointe et portée pas plus haut que le dos.
Poil	Dense, dur, court et brillant.
Couleur	Unicolore blanc.
Condition	Chair et muscles durs et forts.
Hauteur au garrot . . .	De 3o à 4o centimètres.
Poids	De 5 1/2 à 9 kilogrammes.
Origine	Anglaise.
Défauts	Taches de couleur quelconque, *over-* ou *under-shot*.

hite English Toy Terrier.

TERRIER ANGLAIS BLANC NAIN.

Les points du Terrier Anglais blanc nain sont conformes aux points du Terrier Anglais blanc, à l'exception de :

Hauteur au garrot . . . . De 15 à 25 centimètres.
Poids . . . . Moins de 2 1/4 kilogrammes.

L'échelle des points et le club mentionnés ci-dessous sont les mêmes pour le Terrier Anglais blanc.

ÉCHELLE DES POINTS.

Tête	20
Yeux et expression	15
Cou et épaules.	10
Corps	10
Pattes et pieds	15
Queue	10
Poil	10
Hauteur	10
TOTAL. . .	100

White English Terrier Club.

Président : G. H. NEWMAN . . . . Londres.
Secrétaire : JOHN E. WALSH . . . 7, Crosley Street, Halifax.
Entrée : 10 Sh. 6 d. ;
Cotisation : 10 Sh. 6 d.

Yorkshire Terrier.

TERRIER DU YORKSHIRE.

Apparence générale . .   Chien de dame ou de salon, abondamment pourvu de longs poils retombant également des deux côtés du corps et séparés par une raie médiane allant du bout du nez jusqu'au bout de la queue. Chien bien râblé, bien conformé et plein de coquetterie; attitude très éveillée avec un petit air d'importance.

Tête . . . .   Assez petite; les deux côtés de la tête sont cachés sous des poils très longs de couleur feu, mais d'une nuance plus foncée que sur le front.

« CHAMPION TED »
appartenant à Mme A. FOSTER, Bradford.
(Cliché gracieusement prêté par le *Kennel Club Hollandais Cynophilia*.)

« BOB »

appartenant à Mme J. BRISMÉE, Bruxelles. (Gravure extraite du Journal *Chasse et Pêche*.)

« CHAMPION BRADFORD HERO »

appartenant à Mme A. FOSTER, Bradford. (Gravure extraite du Journal *Chasse et Pêche*.)

Crâne	Petit et plat, non bombé, ni trop pointu, ni trop rond.
Museau	Assez large, le poil très long, d'un feu toujours riche et foncé, jamais couleur de suie ou gris. Sous le menton, le poil est long et de la même couleur que sur le front, c'est-à-dire d'un feu vif et doré, jamais mélangé de poils foncés ou couleur de suie.
Yeux	De grandeur moyenne, de couleur foncée, regard vivace et intelligent. Placés assez avant dans la tête, non proéminents, visibles quand on écarte les poils. Le bord des paupières doit être d'une nuance foncée.
Nez	Absolument noir.
Mâchoires	De longueur égale.
Dents	S'adaptant parfaitement et très saines.
Oreilles	Coupées ou non coupées. Quand elles sont coupées, elles doivent être droites et effilées; non coupées, elles sont petites et en forme de V, portées mi-droites, recouvertes d'un poil court, de couleur feu très foncé, beaucoup plus foncé que sur le front.

« RINGMASTER »
appartenant à Mme J. Tooth,
Brighton.

Le Kennel Club Anglais ayant prescrit, depuis peu de temps, que les oreilles ne seraient plus coupées, le Yorkshire Terrier, né après le 31 mars 1895, doit avoir aux expositions *anglaises,* s'il ne veut pas être disqualifié, les oreilles non coupées.

« CHAMPION TED »

appartenant à Mme A. Foster, Bradford. (Cliché gracieusement prêté par la Maison Spratt's Patent L^d.)

« BRADFORD PETER » et « BRADFORD BEN »

appartenant à Mme A. Foster, Bradford. (Gravure extraite du Journal *L'Acclimatation*.)

« YOUNG POLLY »

appartenant à Mme J. Baissées, Bruxelles. (Gravure extraite du Journal *Chasse et Pêche*.)

« BRADFORD MARIE »

appartenant à Mᵐˢ G. KINGSCOTE, Headington. (Gravure extraite du *Ladies' Kennel Journal.*)

Dos	Droit et pas trop long.
Reins	Bien râblés.
Corps	Très compact et trapu.
Pattes	Parfaitement droites, invisibles à cause du long poil du corps, abondamment garnies de poil de couleur feu vif doré. Ces poils peuvent être un peu plus pâles vers leur pointe qu'à leur base.
Pieds	Petits et aussi ronds que possible; ongles noirs.
Queue	Coupée à une moyenne longueur, bien garnie de poil d'un bleu plus foncé que le reste du corps, surtout au bout de la queue; portée un peu plus haut que la ligne du dos.
Poil	Aussi long et droit que possible (non ondulé), très luisant et soyeux (pas laineux).
Couleur	Bleu d'acier poli ou bleu gris argenté et feu doré, partagé comme suit : tout le corps argenté, la tête, les oreilles, les pattes, les pieds et le (*fall*) long poil tombant au dessus des yeux, de couleur feu doré; les sourcils d'une nuance plus foncée.
Hauteur au garrot . . .	Environ 30 centimètres.
Poids	De 2 1/4 à 5 kilogrammes.
Origine.	Duché de Yorkshire.
Défauts	Toutes les autres couleurs et *over-* ou *under-shot*.

« CH. BRADFORD HERO », « CH. CONQUEROR » et « VIOLET »
appartenant à Mmes A. Foster, Bradford et E. Troughear, Londres.
(Gravure extraite du livre *Der Rassen des Hundes*.)

« LONGBRIDGE BOB » et « DAISY »
appartenant à Mme A. Vaughan Fowler, Warwick.
(Gravure extraite du Journal *Our Dogs*.)

ÉCHELLE DES POINTS.

Apparence générale	10
Tête	10
Yeux	5
Mâchoires	5
Oreilles	5
Pattes et pieds	5
Queue	5
Abondance et couleur du poil sur le dos	25
Qualité du poil	15
Intensité de la nuance feu	15
TOTAL . . .	100

« TED II »

appartenant à Mlle A. ETIEN, Paris. (Gravure extraite du Journal *Le Chenil*.)

Yorkshire Terrier Club.

Président : A. CROSLEY . . . . York.
Secrétaire : F. WRIGHT . . . . 13, Lendal, York.
Entrée : £ 1. 1 Sh.;
Cotisation : £ 1. 1 Sh.

Leeds Yorkshire Terrier Association.

Président : J. G. SMITH . . . . Leeds.
Secrétaire : W. AMBLER . . . . 7, Whitfield Street, Hunslet.
Cotisation : 10 Sh. 6 d.

Manchester Blue and Tan Yorkshire Terrier Club.

Président : J. JOHNSON . . . . Manchester.
Secrétaire : T. DODDS . . . 54, Blossom Street, Manchester.
Cotisation : 10 Sh. 6 d.

Halifax Yorkshire Terrier Club.

Président : N. J. GLENMAN . . . . Halifax.
Secrétaire : ED. FLEMING . . . . 1, Parliament Street, Halifax.
Cotisation : 10 Sh.

Clydesdale Terrier.

TERRIER DE LA VALLÉE DE LA CLYDE (1).

Apparence générale . .   Un chien long et bas, avec une tête paraissant trop grande en comparaison du corps; recouvert d'un poil ayant l'aspect du verre filé ou de la soie.

Il a plus de cachet et de bonnes qualités que la plupart des autres variétés de Terriers; sa constitution est moins délicate et moins fragile que celle du Yorkshire Terrier ou du chien Maltais qui sont de véritables chiens de salon.

Tête . . . .   Assez longue et couverte d'un poil long et soyeux, tout droit, sans la moindre ondulation ou frisure et s'étendant par dessus le nez.

Le poil doit être très abondant des deux côtés de la tête, où il se confond avec le poil des oreilles, ce qui donne à la tête une apparence grande et lourde en comparaison du corps.

Crâne . . . .   Légèrement bombé, très étroit entre les oreilles, s'élargissant entre les yeux, puis s'amincissant peu à peu vers le nez.

Clydesdale Terriers idéaux, d'après le peintre anglais A. WARDLE.
(Gravure extraite du livre *Modern Dogs*.)

_____

(1) *Note de l'auteur.* — Aussi nommé Paisley Terrier et Glasgow Terrier.

« LORNE OF PAISLEY »
appartenant à M. J. KINGS, Paisley.

Museau	Très profond et fort, s'amincissant légèrement vers le nez.
Yeux	Placés assez loin l'un de l'autre ; grands, ronds, assez pleins, avec une expression pleine d'intelligence ; de couleur brune dans toutes ses nuances.
Nez	Large et toujours noir.
Mâchoires	Bien développées et fortes.
Dents	S'adaptant parfaitement.
Oreilles	Sont un des points les plus essentiels de la race. Elles sont aussi petites que possible, placées haut sur la tête et toujours droites, couvertes d'un poil long et soyeux, tombant en belles franges des deux côtés de la tête et allant rejoindre le poil des mâchoires. Une oreille bien portée et bien frangée est le point de beauté le plus caractéristique de cette race, mais elle s'obtient difficilement. Une oreille mal portée et une frange misérable sont, par contre, de grands défauts.
Cou	Assez long, très musclé, bien placé dans les épaules et couvert du même poil que sur le reste du corps.
Poitrine	Profonde et avec de bonnes côtes.
Dos	Tout droit, ne descendant pas des reins jusqu'à l'épaule comme chez le Dandie Dinmont Terrier.
Corps	Très long et bien bâti.
Pattes	Aussi courtes et droites que possible, bien placées sous le corps et bien couvertes de poil soyeux. Chez les bons exemplaires le long poil du corps cache les pattes.

Pieds	Petits, ronds et bien couverts de poil soyeux.
Queue	Pas trop longue, droite et portée à la même hauteur que le dos; elle doit être bien frangée.
Poil	Très long, parfaitement droit et sans la moindre apparence d'ondulation ou de frisure, très brillant et soyeux de texture (sans avoir l'aspect du lin), sans sous-poil court, dense et laineux comme chez le Skye Terrier.
Couleur	Du bleu foncé au daim clair, mais la couleur recherchée est celle de nuance bleu foncé sans apparence de noir ou de couleur suie; la teinte de la tête est d'un beau bleu argenté, les oreilles un peu plus foncées; le dos d'un bleu foncé devenant plus clair et argenté vers le ventre et les pattes La queue est de la même couleur que le corps, quelquefois un peu plus foncée.
Hauteur au garrot. . .	De 20 à 24 centimètres.
Poids	De 5 1/2 à 7 kilogrammes.
Origine.	La vallée de la Clyde.

ÉCHELLE DES POINTS.

Tête	15
Yeux	5
Oreilles	10
Corps	15
Pattes et pieds	15
Queue	10
Poil	20
Couleur	10
TOTAL. . .	100

Clydesdale Terrier Club.

Président : J. MONTGOMERY . . . . Glasgow.
Secrétaire : H. L. GENTLES, 338, Sauchiehall Street, Glasgow.
Cotisation : £ 1. 1 Sh.

Paisley Terrier Club.

(DISSOUS)

Border Terrier, Cowley Terrier, Sealy Ham Terrier.

Des chiens ayant beaucoup de ressemblance avec le Fox-Terrier à poil dur, mais dont le corps est plus long et plus bas sur pattes; souvent les pattes de devant sont légèrement courbées.

Le poil est dur, rude et résiste à l'eau.

Le Border Terrier et le Cowley Terrier ou Terrier du Herfordshire sont unicolores blancs ou blancs avec des marques feu ou brun foncé.

Le Sealy Ham Terrier est brun avec des marques noires.

Les points de ces races ne sont pas encore officiellement fixés; aux expositions anglaises on les voit rarement, sans que jamais ils aient eu des classes séparées.

Border et Cowley Terriers idéaux, d'après le peintre anglais A. WARDLE.
(Gravure extraite du livre *Modern Dogs*.)

Thibet Terrier.

TERRIER DU THIBET (1).

Apparence générale . .	Un chien long et bas sur pattes.
Tête	Longue, assez étroite entre les oreilles et plus large vers les yeux.
Stop	La cassure du nez est peu visible.
Yeux	Ronds, de grandeur moyenne, très intelligents et de couleur foncée.
Nez	Noir.
Mâchoires	Assez longues.
Dents	Bien développées et s'adaptant parfaitement.
Oreilles	Assez grandes et larges, tombantes, pendant bien contre la tête et bien garnies de long poil.
Corps	Long et bas, épaules larges, poitrine profonde, dos long, un peu arqué, s'inclinant vers les épaules.

« THIBET »

appartenant à Mme J. McLaren Morrison, Londres. (Gravure extraite du Journal *Our Dogs*.)

---

(1) *Note de l'auteur.* — Aussi nommé quelquefois Chien de Buthan.

« SIKKIM »

appartenant à Mme J. McLAREN MORRISON, Londres. (Gravure extraite du *Ladies' Kennel Journal*.)

Pattes	Courtes, musclées et droites, d'assez forte ossature.
Pieds	Ronds et larges.
Queue	Assez longue et bien garnie de longues franges soyeuses.
Poil	Très long et soyeux.
Couleur	Fauve.
Hauteur au garrot . . .	Environ 30 centimètres.
Poids	Environ 3 1/2 kilogrammes.
Origine	Thibétienne.

England   Scotland

LES TERRIERS DE L'ANGLETERRE

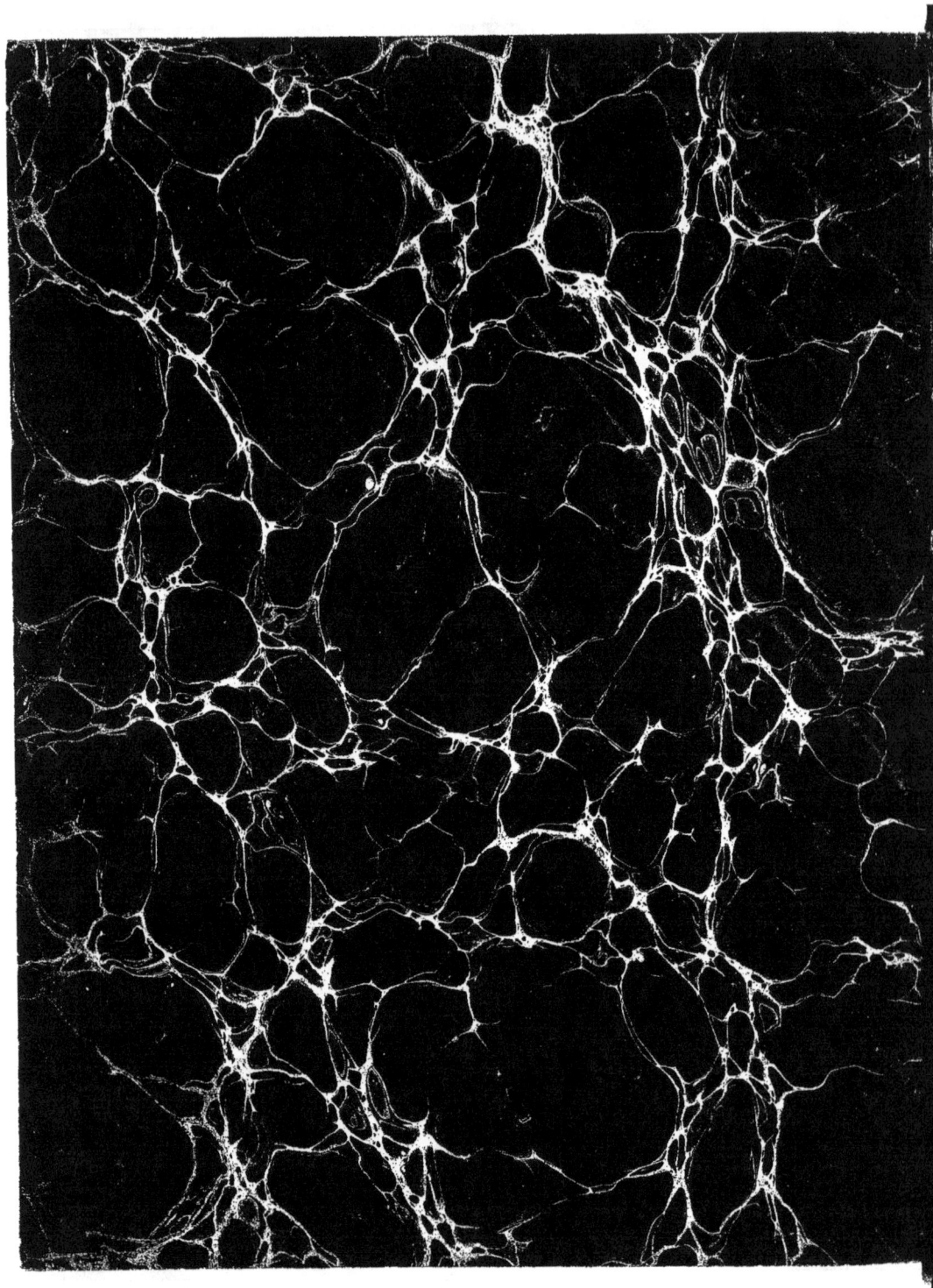

www.ingramcontent.com/pod-product-compliance
Lightning Source LLC
Chambersburg PA
CBHW031343210326
41599CB00019B/2628